노벨도 관 속에서 벌떡 일어날

절대 죽지 않는 과학책

일러두기

- 화합물 표기법은 세계 표준인 IUPAC에 근거한 대한화학회 명명법을 가급적 따랐습니다. 다만 사회적으로 널리 통용되고 있는 일부 명칭은 그대로 수록했습니다.

노벨도 관 속에서 벌떡 일어날

절대 죽지 않는 과학책

이성규 지음

블랙피쉬
Black Fish

| 여는 글 |

>> 1891년 한양에서 포목전을 하는 김득재 씨의 하루

닭 울음소리에 김득재 씨는 잠에서 깹니다. 벌써 동이 트는지 창문 창호지에 새벽 여명이 스며들고 있습니다. 여기는 1891년 조선시대의 한양입니다. 김 씨는 서둘러 일어나 세수를 하고 아내가 준비한 아침밥을 먹으며 오늘 판매할 물품을 떠올려 봅니다.

집을 나선 김 씨는 자신의 가게가 있는 종로 육의전으로 발걸음을 옮깁니다. 길은 벌써 상인들과 짐꾼들로 붐비기 시작합니다. 짐꾼들을 보니 안동에서 아직도 도착하지 않은 물품이 생각납니다. 벌써 2주 전에 출발한 것으로 아는데, 감감무소식이기 때문이죠.

포목전의 가게 문을 연 후 김 씨는 전날의 장부를 검토합니다. 어제 남은 재고가 얼마나 있는지 확인하기 위해섭니다. 하지만 그의 장부는 알 수 없는 기호들로 가득합니다. 글을 배우지 못했기에 그만이 알 수 있는 부호로 표시해 놓은 겁니다.

그런데 아침부터 김 씨는 슬픈 소식을 접합니다. 길 건너 가게에서 생선을 팔던 배 씨가 죽었다는 말을 들은 거죠. 40대 초반밖에 되지 않은 배 씨는 한 달 전쯤부터 몸이 좋지 않았는데, 무슨 병에 걸렸는지는 아무도 알지 못했습니다.

값을 깎으려는 손님들과 실랑이를 벌이던 김 씨는 점심시간이 되자 근처 주막에 들러 보리밥을 시킵니다. 그런데 보리밥과 함께 나온 나물에서 쉰내가 나서, 그냥 고추장만 넣고 비벼서 간단히 한 끼를 해결합니다. 음식 보존 기술이 없던 당시에는 그런 일이 흔해서 김 씨에게는 대수롭지 않은 일입니다.

그래도 김 씨는 이 주막에서 꼭 점심을 해결하곤 합니다. 그곳에 가야 어떤 상품이 잘 팔리고, 오늘은 어느 관청에서 물건을 대량으로 사들이는지 알 수 있기 때문입니다. 다른 상인이나 짐꾼들과의 정보 교환은 그의 사업 전략에 중요한 참고 자료가 됩니다.

해가 저물기 시작하면 김 씨는 서둘러 가게를 정리합니다. 날이 어두워지면 아무리 시장통이라 해도 깜깜해서 문단속을 철저히 해야 합니다. 집으로 돌아오니 아내도 마침 근처 우물에서 저녁밥을 할 물을 길어 오고 있습니다. 저녁 식사 후 아내와 오늘 있었던 일에 대해 잠시 대화를 나눈 김 씨는 방 안을 희미하게 밝혀 주던 등잔불을 끄고 잠자리에 듭니다.

>> 2024년 현재 IT 회사에 다니는 김혜원 씨의 하루

2024년 서울, 김혜원 씨가 스마트폰의 알람 소리에 잠에서 깨어납니다. IT 회사에 근무하는 30대 여성인 김혜원 씨는 바로 김득재 씨의 5대 후손입니다. 일어나자마자 집 근처 피트니스 앱과 연동된 스마트 기기로 스트레칭을 한 혜원 씨는 냉장고에서 꺼낸 신선한 재료들로 샐러드를 만들어 아침 식사를 합니다.

오늘의 날씨, 회사 미팅 일정, 지하철 혼잡도 등이 표시되는 스마트 거울을 보며 화장을 마친 혜원 씨는 스마트 옷장이 오늘의 일정에 맞춰서 추천해 주는 출근복을 입고 집을 나섭니다. 지하철에서는 AR 글라스를 끼고 영어 회화 공부를 합니다.

회사에 도착 후 커피머신이 내려 주는 커피를 들고 자신의 책상에 앉아 AI 기반의 일정 관리 툴로 오늘의 작업 우선순위를 점검합니다. 그때 혜원 씨 노트북의 화상 미팅 창이 열립니다. 미국 뉴욕으로 출장을 간 부서장이 신청한 화상 미팅입니다. 화상 미팅을 마친 후 AI 코딩 도우미를 이용해 최근에 진행 중인 프로젝트 관련 개발 업무에 들어갑니다.

구내식당에서 친한 직원들과 함께 점심 식사를 한 혜원 씨는 오후에 예정된 팀 미팅에서 AR 프레젠테이션 기능을 활용해 개발 중인 프로젝트를 시연합니다. 중요한 클라이언트의 이메일을 확인하고 답변까지 완료한 혜원 씨는 퇴근길에 회사 근처의 필라테스 스튜디오에 들러 1시간 정도 운동을 합니다.

집에 와서는 밀키트로 준비한 저녁 식사를 마치고 IT 관련 블로그와 소셜 미디어 계정에 들어가 자신의 업무 및 관심사에 대해 포스팅합니다. 온라인 동영상 서비스(OTT)에서 보고 싶었던 영화를 감상한 후 밤 11시쯤 수면 모니터링 기능이 있는 스마트 침대로 들어가 혜원 씨는 하루를 마감합니다.

>> 거인들의 어깨 위에 서서 세상을 바라보다

1890년대 김득재 씨의 삶이 자연에 의존하는 삶이었다면, 그의 5대 후손인 김혜원 씨는 과학 기술 덕분에 훨씬 풍요롭고 편리하며 자유로운 삶을 누리고 있습니다. 과학의 발전은 이처럼 단순한 생활 방식의 변화는 물론이고 인간의 평균 수명, 여가, 교육, 그리고 사회적 연결 방식까지 근본적으로 변화시켰습니다.

만유인력의 법칙을 발견한 아이작 뉴턴은 "내가 보다 멀리 보았다면, 그것은 거인들의 어깨 위에 서 있었기 때문이다"라는 말을 남겼습니다. 자신의 업적은 혼자서 이룬 것이 아니라 선대의 위대한 과학자들과 그 지식 위에서 탄생한 것이라는 의미이죠.

한양의 김득재 씨가 닭 울음소리에 깨어난 날로부터 불과 10년 후인 1901년, 세상이 아직 말과 마차에 의존하던 시절 스웨덴에서는 시상식이 열렸습니다. 뉴턴이 말한 거인들의 혁명적 아이디어를 축하하기 위해서였죠. 그때부터 시작된 노벨상은 과학의 탐구를 넘어 인류의 삶을 바꾸는 순간들을 마치 스냅사진처럼 기록하고 있습니다.

이 책은 노벨 물리학상, 화학상, 생리의학상을 수상한 주요 인물들의 삶과 업적을 조명함으로써, 과학의 발전이 어떻게 이루어졌는지 살펴봅니다. 현대 과학의 기틀을 마련한 위대한 거인들의 어깨에 우리도 한번 올라타 보는 거죠.

하지만 이 책은 그들의 연구 성과를 나열하기보다 그들을 연구로 이끈 동기와 열정, 그리고 그 과정에서 겪은 도전과 극복의 순간들을 보여 줍니다. 또한 그들이 겪은 윤리적 딜레마와 과학자들의 인간적인 면모도 함께 조명합니다.

노벨상 수상자들의 삶을 통해 과학이 단순히 실험실 안에 갇힌 활동이 아님을 깨닫게 될 것입니다. 그들의 연구는 시대의 요구와 맞물려 있었고, 때로는 사회적 편견과 싸워야만 했습니다.

노벨상을 받은 과학자들의 업적은 거대한 퍼즐의 한 조각이기도 합니다. 그 조각이 끼워질 때마다 우리는 조금 더 세상을 이해하게 되고, 미래로 향하는 문을 열게 됩니다. 우리의 삶 곳곳에 노벨상 수상자들의 연구 결과가 녹아 있기 때문이죠.

최근 한강 작가의 노벨 문학상 수상으로 우리 국민의 노벨상에 대한 관심이 부쩍 높아졌습니다. 한국인이 노벨상을 수상한 것은 지난 2000년 평화상을 탄 고 김대중 전 대통령에 이어 이번이 두 번째입니다. 이제 우리나라에서도 노벨 과학상 수상자가 나오길 기대하는 목소리도 높아지고 있습니다.

노벨상 수상자들의 진솔한 이야기는 과학자뿐만 아니라 일반 대중 모두에게 영감을 줍니다. 이 책이 과학의 중요성을 널리 알리고 더 많은 사람들이 과학에 관심을 가지는 계기가 되길 바랍니다.

마지막으로 부족한 제 글을 책으로 발간해 주신 출판사 관계자분들과 독자들에게 조금이라도 더 쉽게 읽히기 위해 끝까지 꼼꼼히 교정을 도와준 에디터님께 감사의 말을 전합니다. 자, 그럼 이제 과학 거인들과의 여정을 시작해 볼까요?

이성규

차 례

PART 1. 노벨도 깜짝 놀랄 물리학 이야기

X-RAY

PART 2. 노벨도 깜짝 놀랄 화학 이야기

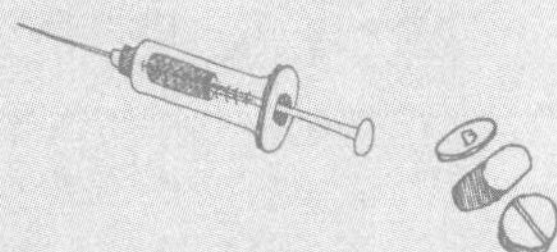

PART 3. 노벨도 깜짝 놀랄 생리의학 이야기

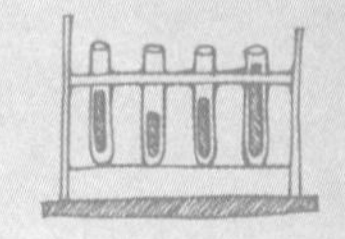

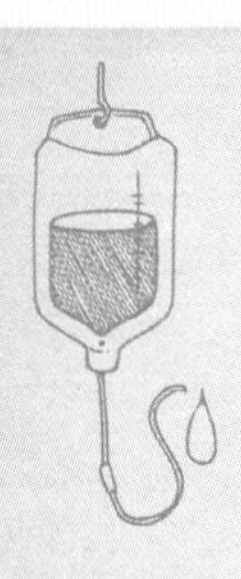

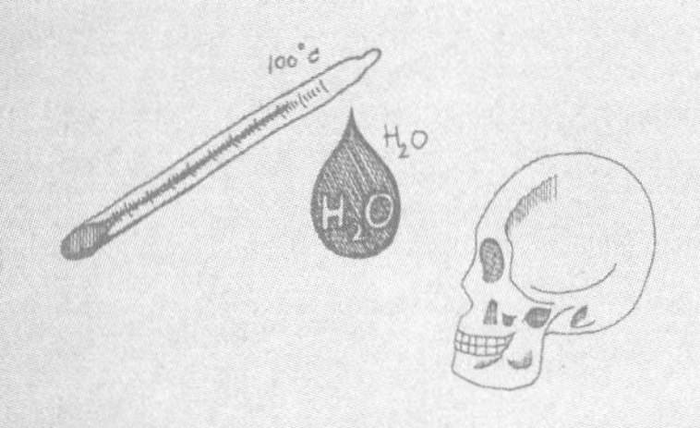
100°c
H_2O
H_2O

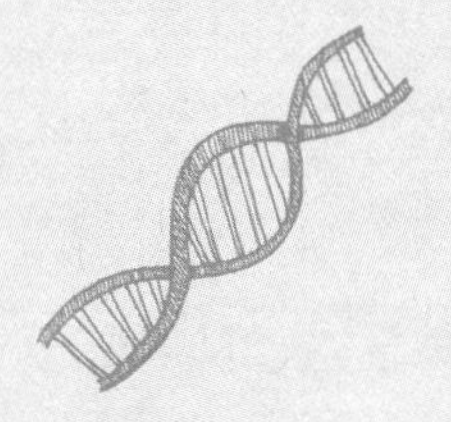

PART 1

노벨도 깜짝 놀랄 물리학 이야기

X-선을 발견한 빌헬름 뢴트겐

결혼반지가 선명히 보이는 최초의 X-선 사진

1901년 노벨 물리학상

뢴트겐이 실험 중 발견한 이상한 빛으로 처음 사진을 찍은 대상은 아내인 베르타의 손이었어요. 자신의 손이 찍힌 사진을 본 베르타는 놀라서 다음과 같이 말했어요. "오! 하느님. 마치 나 자신의 죽음을 들여다보고 있는 것 같군요." 뢴트겐의 아내는 사진을 보고 왜 그런 말을 했던 걸까요?

뢴트겐이 베르타의 손을 찍은 그 사진은 인류 최초의 **X-선 사진**이었습니다. 그런데 사진 속에 나타난 베르타의 손은 손가락뼈와 결혼반지만 선명하게 보이고 뼈를 둘러싼 근육은 아주 희미해서 잘 보이지 않았어요. 마치 고대 무덤에서 발견된 뼈 화석처럼 자신의 손가락뼈와 반지만 나타난 사진을 보았으니 베르타가 놀랄 수밖에요.

뢴트겐이 발견한 X-선은 전자기파의 일종입니다. 전자기파란 전기장과 자기장의 진동으로 이루어진 파동인데, 우리가 눈으로 볼 수 있는 빛인 가시광선을 비롯해 적외선과 자외선 등도 모두 전자기파에 속해요. 전자기파가 이처럼 다양한 이름으로 불리는 까

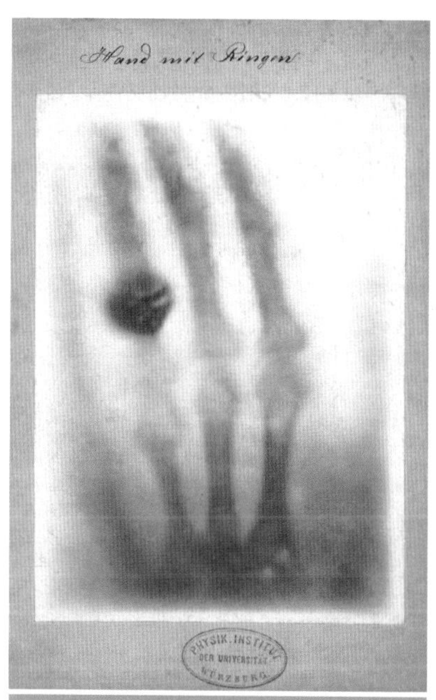

뢴트겐이 아내 베르타의 손을 찍은 X-선 사진. 현존하는 가장 오래된 방사선 사진이다.

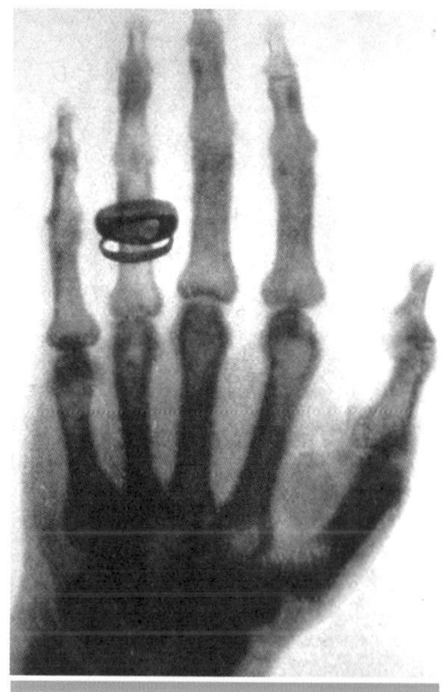

뢴트겐이 공개 강연에서 촬영한 X-선 사진. 스위스 과학자 알베르트 폰 쾰리커의 왼손이다. 아내의 손을 촬영할 때보다 기술적 측면을 개선해 선명도가 향상되었다.

닮은 각각 파장이 다르고 지니고 있는 에너지도 달라 서로 다른 성질을 띠기 때문이에요.

그런데 뢴트겐이 발견한 X-선은 파장이 짧아서 큰 에너지를 지니고 있습니다. 이처럼 강한 에너지를 가진 광선은 투과력이 높아 피부 세포는 뚫고 지나가지만 금속이나 뼈 등의 조밀한 물체는 잘 투과하지 못해요. 그래서 X-선으로 찍은 베르타의 사진에서 광선이 통과한 영역은 아무것도 없는 것처럼 보이고, 광선이 투과하지 못하고 반사된 뼈나 반지는 필름에 나타난 겁니다.

뢴트겐이 자신이 발견한 전자기파에 'X-선'이라는 이름을 붙인 것은 기존에 알려진 빛이 아니기 때문이었어요. 즉, 알 수 없다는 의미로 X-선이라는 이름을 붙인 거죠.

뷔르츠부르크대학의 물리학 연구소장이던 빌헬름 뢴트겐이 X-선을 발견하게 된 계기는 물리학자인 필리프 레나르트의 음극선에 대한 새로운 실험 결과 때문이었습니다. 음극선이란 진공 방전(전도성 금속이 진공과 접해 있을 때 금속의 전자들이 진공으로 방출되는 현상)을 할 때 음극에서 나오는 전자선을 말하는데, 당시엔 음극선이 시험관 내에서만 발생하는 현상이어서 연구에 어려움을 겪고 있었어요.

두꺼운 책을 통과한 빛

그런데 레나르트는 알루미늄 금박을 이용해 음극선이 시험관을 뚫고 밖으로 나와 공기 중에서 직선으로 진행한다는 사실을 발견했습니다. 이처럼 음극선이 뚫고 나올 수 있게끔 일정 부분을 마치 창문처럼 얇은 알루미늄판으로 만든 시험관을 **레나르트관**이라고 해요. 뢴트겐은 레나르트관의 알루미늄 창을 차단해도 음극선이 그것을 통과할 수 있을지에 대한 궁금증으로 실험을 시작하게 됐어요.

뢴트겐은 그날도 음극선관을 검은 마분지로 싸서 빛이 새어 나오지 못하게 막은 다음 실험실의 불을 모두 끄고 음극선관의 전원을 켰습니다. 그러자 조금 떨어져 있던 책상 위에서 밝은 빛이 빛나고 있는 게 보였어요. 빛이 비친 곳은 백금시안화바륨을 바른 스크린이었고, 빛이 나온 곳은 바로 검은 마분지로 막은 음극선관이었어요.

뢴트겐은 음극선관과 스크린 사이를 두꺼운 책으로 막아 보았어요. 그런데 빛은 그마저 통과해 비쳤어요. 나무와 고무도 마찬가지였어요. 그 빛이 통과하지 못하는 물건은 1.5mm 이상의 납뿐이었어요. 그 빛이 기존에 알려진 음극선이 아니라는 사실을 간파한 뢴트겐은 퇴근도 하지 않고 주말 내내 연구를 거듭하다 퍼뜩 기발한 아이디어를 떠올렸습니다. 대개의 빛이 사진 건판에 감광되어 사진이 찍히듯 그 빛도 건판에 감광되면 어떤 영상이 나타날 것이라는 데 생각이 미친 거죠. 그래서 아내의 손을 찍은 거고요.

뢴트겐이 발견한 X-선은 곧바로 의학에 이용되기 시작했습니다. 의사들은 등에 꽂힌 칼의 나머지 조각이나 어린이의 목에 걸린 동전을 X-선을 통해 찾아냈어요. 또한 스코틀랜드의 왕립병원에서는 X-선 담당 부서가 생겨 신장 결석을 발견하기도 했어요.

지금은 폐결핵을 진단하거나 뼈의 모양을 볼 때 흔히 사용되고 있으며, 기미 등을 없애기 위한 레이저 치료를 할 때도 사용되고 있어요. X-선을 이용한 암 치료법도 등장했는데, 현재는 감마선, 알파선, 양성자, 중입자 등과 같은 다양한 방사선 발생 기술이 개발돼 방사선을 이용한 치료가 암 환자의 생명을 구하는 중요한 역할을 하고 있기도 해요.

또한 X-선은 투과하는 정도가 각 신체의 기관마다 미세하게 다르므로 컴퓨터단층촬영(CT)에 활용되며, DNA가 이중나선 구조로 되어 있다는 사실을 알 수 있었던 것도 X-선 결정학 기술 덕분이었어요.

뢴트겐이 특허 제의를 거절한 사연

X-선으로 인해 현대 물리학의 시대가 열렸다는 의견이 많을 만큼 뢴트겐의 발견은 과학사에 있어서 큰 의미를 지닙니다. 그 뒤를 이어 방사능 및 전자, 방사성 원소 등이 발견됐고, 물질을 이루는 작은 입자들의 세계를 새롭게 이해하기 시작했기 때문이죠.

한편, 뢴트겐이 X-선을 발견하자 여러 곳에서 특허 제의가 쏟아졌어요. 하지만 그는 X-선과 관련해 어떠한 특허나 이익도 거부했어요. X-선은 자신이 발명한 것이 아니라 원래 있던 것을 발견한 것이므로 모든 인류의 자산이라는 이유에서였죠.

사실 뢴트겐은 말년에 심한 생활고에 시달렸어요. 모아 둔 재산이 많지 않았던 데다 제1차 세계대전이 끝난 후 패전국 독일에 엄청난 인플레이션이 불어닥쳤기 때문이죠. 그럼에도 X-선이 모든 인류의 자산이라는 그의 신념은 변치 않았어요.

뢴트겐은 X-선을 발견한 공로로 1901년에 처음 시행된 노벨 물리학상을 최초로 수상하게 되었습니다. 그런데 그는 노벨상의 상금 전액을 자신이 재직하던 대학의 과학 발전과 장학금을 위한 기금으로 기부했어요.

인류에게 X-선이라는 가장 큰 선물을 남긴 그는 진정한 노블레스 오블리주의 전형이었던 셈이죠. 노블레스 오블리주는 사회 지도층에게 요구되는 높은 수준의 도덕적 의무를 가리키는 용어입니다.

뢴트겐은 은퇴한 지 4년 후인 1923년 2월 23일 뮌헨에서 악성종양으로 사망했습니다. 그의 죽음이 X-선 실험과 관련이 있는지는 밝혀지지 않았어요.

- 의학 분야 외에 X-선이 활용되는 또 다른 분야에 대해 알아보아요.
- 노블레스 오블리주의 전형이 되는 유명 인사의 다른 사례를 찾아보아요.

여성 최초의 노벨상 수상자 마리 퀴리

방호복을 착용해야 볼 수 있는 실험 노트

1903년 노벨 물리학상

여성 최초로 노벨 물리학상을 받은 마리 퀴리는 1911년에 노벨 화학상까지 수상하면서 노벨상을 두 번 수상한 최초의 과학자로 기록되었어요. 서로 다른 과학 분야에서 노벨상을 두 번 받은 이는 아직까지 마리 퀴리가 유일하죠. 그런데 마리 퀴리와 그의 딸 이렌 퀴리는 모두 백혈병으로 사망했어요. 도대체 무슨 사연이 숨어 있는 걸까요?

마리 퀴리의 삶을 두 단어로 요약하면 '도전'과 '끈기'라고 할 수 있습니다. 중학교를 1등으로 졸업한 마리는 대학에 진학해 과학자가 되는 꿈을 꾸었어요. 하지만 당시 폴란드에서는 여자의 대학 진학을 금지했어요. 외국으로 유학을 가면 되지만, 마리의 가정형편은 그만큼 넉넉하지 않았어요.

그러나 마리는 포기하지 않았습니다. 가정교사로 일하면서 악착같이 번 돈으로 역시 대학 진학을 꿈꾸었던 언니 브로니아를 먼저 파리로 유학 보낸 거죠. 언니가 대학을 졸업해 직장을 잡으면 그때 자신도 파리로 유학 가기로 약속했기 때문이에요. 마리는 그렇게 6년간 가정교사로 일한 끝에 자신의 꿈을 이룰 수 있었어요.

뒤늦게 소르본대학 물리학과에 입학한 마리는 수석으로 졸업했습니다. 소르본대학 역사상 외국인이, 그것도 여성으로서는 최초의 일이었죠.

실험실에서 만난 피에르 퀴리와 결혼해 교사로 일하던 마리는 박사학위 논문 주제를 찾다가 앙리 베크렐이 발견한 우라늄의 **베크렐선 현상**에 관심을 갖게 되었어요. 뢴트겐이 X-선을 발견하자 다른 과학자들도 그와 비슷한 광선을 발견하기 위한 연구를 시작했는데, 앙리 베크렐도 그중 한 명이었어요. 앙리 베크렐은 우라늄염이라는 광물에서 X-선과 비슷한 광선이 방출된다는 사실을 우연히 발견했습니다. 그런데 특별한 장치를 이용해야만 발생하는 X-선과 달리 그 광선은 외부의 자극이나 에너지 없이 저절로 방출되었죠. 앙리 베크렐은 그 광선에 '베크렐선'이라는 이름을 붙여 주었어요.

'방사능'이라는 새로운 용어를 만들다

마리는 베크렐선 현상을 보이는 물질이 우라늄 외에도 자연계에 더 존재할 것이라 믿고 연구를 시작했습니다. 그러다 피치블렌드라는 광물이 우라늄보다 강한 베크렐선 현상을 나타낸다는 사실을 알게 되었어요. 남편 피에르 퀴리와 함께 피치블렌드의 에너지원을 찾던 마리는 토륨에서도 같은 현상이 일어나자 이러한 현상을 일컬어 **방사능**이라는 새로운 용어를 만들었어요. 그리고 방사능이 일어나는 물질에서 나오는 빛을 **방사선**이라고 부르기 시작했어요.

또한 우라늄보다 감광작용(물질이 빛의 작용을 받아 화학적 또는 물리적으로 변화를 일으키는 작용)이 4배나 강한 물질을 찾아내고 그 물질이 두 가지 원소의 혼합물이라는 사실을 알아내 그중 하나를 분리해 내는 데 성공했습니다. 마리는 조국인 폴란드를 기리는 의미로 그 물질에 **폴로늄**이라는 이름을 붙였어요. 폴로늄은 우라늄보다 감광작용이 400배나 강해요.

그리고 나머지 다른 하나의 원소에 관한 연구를 진행해 우라늄보다 감광작용이 무려 250만 배나 강한 원소를 발견한 후 **라듐**이라는 이름을 붙여 주었어요. 지구상에 있는 대부분의 원소는 안정되어 있으나, 라듐과 같은 방사성 원소는 불안정해 다른 물질로 변하는 성질이 있어요.

라듐은 일정한 비율로 방사선을 내쏘며 붕괴하는데, 어떤 방법으로도 그것을 멈추게 하거나 변화시킬 수 없습니다. 퀴리 부부는 라듐의 성질을 자세히 연구해 방사능이 어떤 화학작용에도 쉽게 변하지 않으며, 방사선 방출 과정에서 상당한 열이 발생된다는 사실을 알아냈어요.

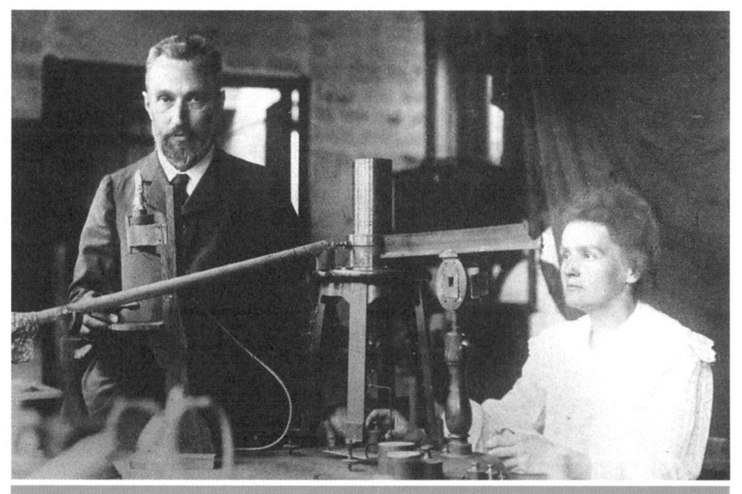

실험실에서 연구 중인 피에르 퀴리와 마리 퀴리.

우라늄에 비해 훨씬 강한 방사능을 지닌 라듐은 오늘날 암 치료나 중성자 생성 등에 요긴하게 사용되는 희귀 물질이에요. 이러한 공로를 인정받아 퀴리 부부는 베크렐과 함께 1903년 노벨 물리학상을 공동으로 수상했습니다.

그런데 3년 후 피에르 퀴리가 마차 사고로 세상을 떠났어요. 마리는 엄청난 충격에 휩싸였으나 포기하지 않고 연구를 계속해 1911년에는 노벨 화학상을 받았습니다. 염화라듐을 전기분해시켜 금속 라듐을 얻는 데 성공한 공로를 인정받은 거죠.

백혈병으로 세상을 떠난 엄마와 딸

마리는 라듐에 대한 특허를 포기한 일화로도 유명해요. 당시 라듐을 의학적으로 활용하는 연구가 활발했는데, 미국인 기술자들이 라듐 생산 공정에 대한 특허 관계를 문의해 오자 퀴리 부부는 라듐을 발견한 자신들의 업적을 세상에 기부하기로 결정했어요.

이후 라듐 산업은 특허권 사용료를 전혀 지불하지 않으면서 전 세계적으로 성장해 과학자들과 의사들에게 원하는 산물을 공급하게 되었어요. 특허권을 행사하면 그토록 원하던 첨단 실험실과 엄청난 부를 얻을 수 있음에도 포기한 이유는 단 하나였습니다. 금전적 이익을 취하는 것은 과학의 정신에 반하는 일이라고 생각했기 때문이죠.

이처럼 마리 퀴리는 현대 문명에서 가장 중요한 방사능의 실체를 알려 주었지만, 당시만 해도 방사능의 유해성에 대해 무지했어요. 마리는 방사성 물질을 머리맡에 두고 잘 정도로 연구에 몰두했는데, 결국 방사성 과다 노출로 인한 백혈병에 걸려 66세의 나이로 세상을 떠나고 말았어요.

인공 방사능을 발견한 공로로 엄마의 뒤를 이어 1935년에 여성으로서는 두 번째 노벨 화학상 수상자가 된 딸 이렌 퀴리 역시 백혈병에 걸려 59세에 세상을 떠났어요.

이들이 노출된 방사능의 양은 상당했습니다. 퀴리 부부가 사용한 실험 노트에서 나온 양만 해도 일본 후쿠시마 원전 사고 이후 근처 해역에서 잡힌 생선에서 검출된 방사선량의 약 5,000배에 달한다고 해요. 파리의 국립도서관 지하에 보관 중인 이 실험 노트는 지금도 방호복을 착용해야 볼 수 있다고 합니다.

노벨상을 6개 수상한 퀴리 가문

마리 퀴리와 피에르 퀴리 부부가 노벨 물리학상을 받고 마리 퀴리가 화학상을 수상한 데 이어 큰딸인 이렌 퀴리와 사위 프레데리크 졸리오 부부도 1935년에 노벨 화학상을 공동 수상했어요. 또 둘째 딸 이브 퀴리의 남편인 헨리 리처드슨이 1965년에 유니세프 대표 자격으로 노벨 평화상을 받았어요. 둘째 사위까지 포함할 경우 퀴리 가문은 2대에 걸쳐 5명이 총 6개의 노벨상을 수상한 셈이에요.

무선전신을 발명한 굴리엘모 마르코니

캐나다로 도망간 살인자를 잡은 비결

1909년 노벨 물리학상

20세기 초 벨기에의 앤트워프에서 출항한 증기선 캄파니아호에는 악명 높은 살인자인 크리펜이라는 남성이 타고 있었어요. 그런데 캐나다 항구에 도착한 그를 기다리고 있었던 건 경찰이었어요. 요즘처럼 통신위성도 없던 시절에 캐나다 경찰은 어떻게 살인자가 그 배에 타고 있다는 사실을 그렇게 빨리 전달받을 수 있었을까요?

정답은 바로 당시에 막 개발되었던 무선전신 속에 숨어 있었습니다. 살인자를 수배한다는 소식을 무선전신으로 받은 선장이 크리펜을 알아본 후 영국 경찰에게 무선전신으로 연락을 취했고, 영국 경찰이 다시 캐나다에 무선전신으로 연락해서 그를 체포한 것이죠. 경찰에 체포된 크리펜은 결국 교수형에 처해졌어요.

침몰한 타이태닉호에서 구명보트로 옮겨 탄 생존자 711명이 다른 여객선의 도움으로 모두 구조될 수 있었던 것도 바로 무선전신 덕분이었습니다. 타이태닉호가 침몰하기 전에 급하게 보낸 무선 신호가 동남쪽 92.8km 지점을 항해하던 여객선의 전신 기사에 의해 포착된 것이죠. 이 소식이 전해지자 세계 최초의 무선전신 회사인 마르코니사의 주가가 폭등했어요.

전자기파의 존재를 최초로 예측한 이는 영국의 물리학자 맥스웰입니다. 그 후 헤르츠가 1888년에 실험을 통해 눈에 보이지 않는 전자기파가 실제로 존재한다는 사실을 증명했죠. 그로부터 8년 후인 1896년 이탈리아의 아마추어 발명가 굴리엘모 마르코니는 전자기파를 무선으로 전송해 보이는 공개 실험에 성공했어요. 그가 바로 마르코니사를 창업한 주인공입니다.

마르코니는 1874년 4월 이탈리아 볼로냐의 부유한 가정에서 태어났어요. 그의 부친은 대지주였으며, 어머니는 영국 귀족 출신이었죠. 어릴 때부터 과학에 특별한 소질을 보였던 그는 어머니의 권유에 따라 레그혼 기술학교에 입학해 과학을 공부했습니다.

단순한 아이디어로 실험에 착수해

그가 전자기파에 관심을 두게 된 계기는 당시 유명한 과학자이자 볼로냐대학의 물리학 교수였던 어거스트 리기에게 개인 교습을 받으면서부터였어요. 리기를 통해 헤르츠가 전자기파의 존재를 밝히는 실험에 성공했다는 사실을 알게 된 마르코니는 스무 살이 되던 해부터 무선통신을 개발하기 위한 본격적인 연구에 착수했어요.

마르코니가 최초로 떠올린 아이디어는 단순했습니다. 헤르츠의 실험에서 전파가 뻗어 나간 거리는 1m에 불과했어요. 그러나 금속에 철사를 붙여서 높이 설치하고 똑같이 생긴 것을 하나 더 만들어 지면에 설치해 놓으면 전파가 그보다 훨씬 더 멀리 갈 수 있다고 생각한 거죠.

여러 번의 실패를 거쳤으나 마르코니는 1년 만에 2.4km 떨어진 곳까지 신호를 보내는 데 성공했습니다. 그는 즉시 이탈리아 정부에 특허를 신청했어요. 하지만 그에게 돌아온 것은 불신과 항의뿐이었어요. 특허 관계자는 그의 말을 믿지 않고 관심조차 없었던 거죠. 다른 과학자들로부터는 연구 결과를 표절한 것이 아니냐는 항의가 이어졌습니다. 결국 영국으로 건너간 그는 공개 실험을 통해 3km나 떨어진 거리에서도 무선 신호가 통한다는 사실을 증명해 보인 후 무선전신 기술에 대한 특허를 획득했어요.

영국 정부가 마르코니의 무선 기술에 적극적으로 관심을 표명한 것은 전 세계에 흩어져 있던 식민지 때문이었습니다. 무선 기술은 멀리 떨어져 있는 식민지를 효율적으로 통치할 수 있는 최적의 방안이었던 거죠.

특허를 획득한 이듬해인 1897년 사촌과 함께 세계 최초의 무선전신 회사를 설립한 그는 1898년 도버해협에서 50km 거리의 송신에도 성공합니다. 영국과 프랑스 간의 국제적인 무선전신 시대를 연 것이죠.

1890년대 최초의 장거리 무선전신 전송에 성공한 이탈리아의 발명가 굴리엘모 마르코니.

대서양 횡단에 성공한 알파벳 'S'

마르코니의 도전은 거기서 끝나지 않았습니다. 다음 목표는 대서양이었죠. 1901년 12월 그는 캐나다 동쪽의 세인트존스에서 연에 안테나를 장착해 150m 상공에 띄웠어요. 그러자 잠시 후 거기서 희미한 모르스 신호가 잡히는 것이 확인됐어요. 3,570km 떨어진 영국의 해안가 폴듀에서 보낸 신호였죠. 그가 받은 첫 번째 무선 송신 내용은 알파벳 'S' 자였어요.

1909년에 마르코니는 무선전신을 개발한 업적을 인정받아 독일의 카를 브라운과 공동으로 노벨 물리학상을 수상했습니다. 노벨상은 주로 기초과학의 발전에 공헌한 이들에게 주어집니다. 그러나 마르코니의 경우 물리학자라기보다는 실용적인 발명가이자 사업가에 더 가까웠죠.

그럼에도 그에게 노벨상이 주어진 데는 나름 이유가 있습니다. 기초과학에서 어떤 물리학자보다 큰 공헌을 했기 때문이죠. 당시 모든 과학자들은 대서양을 횡단할 만큼 먼 거리의 무선통신이 불가능하다고 여겼어요. 지구가 둥근 탓에 직선으로 멀리 뻗어 간 전자기파는 결국 대기층 밖으로 사라질 것이라고 본 것이죠. 따라서 무선통신의 최대 거리는 160~320km 정도에 불과할 것이라 예상했습니다.

하지만 마르코니는 아랑곳하지 않고 대서양을 횡단하는 대륙 간 무선통신을 추진했어요. 그는 전파가 지표면을 따라 이동할 수 있다고 믿었던 것이죠. 그런데 전자기파가 대기층으로 사라지지 않고 대서양을 횡단할 수 있었던 실제 이유는 지구 상공에 존재하는 **전리층** 덕분이었습니다. 이온화된 입자로 구성된 전리층이 전파를 반사해 둥근 지구의 반대편에까지 무선통신을 가능하게 해 준 것이죠. 물론 마르코니는 이 사실을 전혀 몰랐지만, 그의 성공 덕분에 전리층의 존재에 대한 연구가 본격적으로 시작될 수 있었어요.

사실 당시에는 마르코니 외에도 무선통신 기술 개발에 성공한 이들이 많았습니다. 하지만 그 누구도 무선통신이 비약적인 발전을 이어 가고 있던 유선통신을 대체할 수 있을 거라 여기지 않았어요. 마르코니만이 무선통신의 사회적 유용성을 깨닫고 보편적인 기술로 승화시키기 위해 끊임없이 기술 및 시스템을 개발한 것이죠.

1937년 7월 22일 오후 영국의 라디오 방송은 2분간 아무 소리도 내지 않고 침묵을 지켰습니다. 이틀 전에 64세를 일기로 세상을 떠난 마르코니를 추모하기 위해서였죠. 1974년에는 그의 업적을 기리며 마르코니 재단이 설립됐습니다. 재단에서는 통신 분야에서 획기적인 기여를 한 젊은 과학자들에게 통신 분야의 노벨상이라는 불리는 **마르코니상**을 매년 수여하고 있습니다.

마르코니상을 받은 이들 중에는 여러분도 알고 있을 만한 유명 인사가 많아요. 월드와이드웹(WWW)의 창시자인 팀 버너스-리를 비롯해 구글의 창설자인 세르게이 브린과 래리 페이지, 그리고 반도체의 성능이 18~24개월마다 배로 좋아진다는 '무어의 법칙'을 내놓은 고든 무어 인텔 창업자도 이 상을 받았습니다.

결정학의 선구자 막스 폰 라우에

스키 타다 떠올린 아이디어로 세상을 바꾸다

1914년 노벨 물리학상

어릴 때부터 물리학에 관심이 많았던 막스 폰 라우에는 알프스에서 스키를 타다가 새로운 실험 아이디어를 떠올렸어요. 함께 스키를 타던 동료들은 아이디어를 듣고 비웃었지만, 그는 실험실에 돌아온 즉시 실행에 옮겼어요. 그리고 2년 후 노벨 물리학상을 받았어요. 그가 스키를 타면서 생각해 낸 아이디어는 도대체 무엇이었을까요?

라우에가 알프스에서 스키를 타다 관찰한 건 눈송이가 햇빛을 회절시키는 방식이었어요. **회절**이란 파동이 진행 중에 장애물을 만날 경우 휘어져 돌아가고, 작은 구멍을 통과할 때 넓게 퍼지는 현상을 말합니다. 예를 들어 담장 너머의 사람이 보이지 않아도 그 사람이 말하는 소리를 들을 수 있는 것은 회절 현상 덕분입니다. 소리는 파동이므로 회절이 일어나 담장 위쪽을 돌아오기 때문이지요.

그런데 회절은 장애물이나 틈의 크기가 파장과 비슷할 때 크게 나타나는 특성을 지니고 있습니다. 이를 이용하면 원자들 사이의 거리만큼 아주 작은 틈을 재는 것이 가능해요.

인간은 가시광선만 볼 수 있으므로 현미경을 사용해도 원자들

사이의 간격을 보기 힘듭니다. 가시광선은 파장이 대략 500나노미터(nm, 1nm는 10억분의 1m이다) 정도 되지만, 원자들 사이의 간격은 1나노미터도 되지 않는 경우가 많기 때문이죠. 이 때문에 500개 이상의 원자들이 모여 있어도 사람의 눈에는 점 하나로만 보이는 거예요.

라우에가 알프스에서 돌아와 눈송이에 비친 햇빛 대신 회절 실험에 사용한 건 바로 뢴트겐이 발견한 X-선이었습니다. X-선이 매우 짧은 파장을 가질 수도 있다는 사실이 알려지자 당시 많은 과학자들이 그 특성을 밝혀내는 실험에 도전하고 있었거든요.

X-선이 파장임을 증명해

라우에는 실험실 동료들과 함께 납 상자 안에 넣어 둔 황산아연 결정체로 X-선이 도달하게끔 하는 실험을 진행했습니다. 그러자 결정체의 뒤와 옆에 설치된 감광판에 결정의 원자 구조에 따라 각기 다른 X-선 회절무늬가 나타났습니다. 0.15나노미터 정도의 파장을 가지는 X-선이 약 1나노미터 두께의 결정면 사이에서 회절 현상을 보인 거죠.

사실 당시에는 X-선을 매우 빠른 입자라고 생각하는 과학자들도 있었어요. 그런데 라우에가 발견한 황산아연 결정체에서의

X-선 회절 현상은 X-선이 매우 짧은 파장이라는 결정적인 증거가 되었습니다. 특히 X-선의 파장은 보통의 결정 원자들이 배열된 간격과 유사해 높은 해상도를 지닌 회절무늬를 얻을 수 있습니다.

이처럼 일정하게 반복되는 회절무늬를 이용하면 보석이나 광물처럼 분자나 이온이 규칙적으로 배열되어 있는 물체들의 구조를 알 수 있어요. 실제로 라우에의 X-선 회절 연구 결과를 전해 들은 헨리 브래그와 그의 아들 로렌스 브래그는 X-선 회절무늬를 이용해 염화나트륨의 구조를 분석하는 데 성공했습니다. 그리고 1913년에는 다이아몬드, 1925년에는 수정의 결정 구조가 이를 통해 밝혀졌어요.

고체를 이루는 원자들의 규칙적인 배열, 즉 결정 구조를 연구하는 학문을 **결정학**이라고 하는데, 요즘 우리 주변에서 흔히 볼 수 있는 물품들은 결정학의 결과인 것이 아주 많습니다. 알람시계와 전동칫솔 같은 전기 장비는 전류를 흐르게 하는 복합 결정 재료에 의해 만들어지며, 리튬이온 배터리도 결정학 연구의 결과입니다.

또한 자동차에 사용되는 금속인 경량 합금에도 결정학이 이용되고 있습니다. 합금을 냉각시키는 방식에 따라 결정 구조가 달라지며 물성도 바뀌기 때문이죠. 오늘날 자동차와 비행기에 사용되는 경량 소재는 외부 압력에 결정이 어떻게 견디는지의 연구를 통해 만들어졌습니다.

반도체와 DNA 연구에도 활용

스마트폰 등에 사용되는 반도체도 서로 다른 물질들이 결정 구조를 유지한 채 층층이 쌓여 이루어진 것입니다. 또한 DNA가 이중나선 구조임을 밝혀 현대 생물학의 전환점을 만든 왓슨과 크릭의 연구도 바로 이 기술 덕분에 할 수 있었죠.

막스 폰 라우에는 결정에 의한 X-선 회절 연구로 X-선의 전자기파로서의 성질을 확립한 공로를 인정받아 1914년에 노벨 물리학상을 받았습니다. 또 그의 X-선 회절 연구를 이용해 X-선에 의한 결정 구조의 해석에 성공한 브래그 부자도 이듬해인 1915년 노벨 물리학상의 수상자가 되었어요.

라우에의 수상을 결정할 당시 노벨 위원회는 이처럼 쉽게 의견의 일치를 본 경우는 드물다고 밝혔을 정도입니다. 그는 당시 아인슈타인과 함께 현대 물리학의 양대 산맥으로 인정받던 막스 플랑크의 제자였는데, 막스 플랑크가 양자 가설을 제안해 노벨 물리학상을 받은 게 1918년이니 스승보다 4년이나 먼저 노벨상을 받은 셈이죠.

스키를 타다 X-선 실험 아이디어를 낼 만큼 스키광이었던 라우에는 등산과 자동차 운전도 좋아했어요. 평소 빠른 속도를 즐기긴 했으나 자동차 사고를 한 번도 낸 적이 없는데, 1960년 4월 8일 실험실로 가기 위해 차를 운전하던 중 초보 오토바이 운전자와 충돌 사고를 낸 후 병상에서 일어나지 못한 채 끝내 세상을 떠났습니다.

매년 과학적인 주제를 잡아 '○○의 해'를 정하는 유네스코는 지난 2014년을 '결정학의 해'로 선포했습니다. 막스 폰 라우에가 노벨상을 수상한 지 100년이 되는 해를 기념하기 위해서였어요.

사고력 키우기

- 나노과학은 X-선 회절을 발견한 라우에의 연구에서 처음 시작되었다고 보는 게 옳아요. 현대 과학의 대세가 된 나노과학에 대해 알아보아요.
- 회절은 파동과 입자를 구분할 수 있는 주요한 특성 중 하나예요. 파동과 입자를 구분할 수 있는 또 다른 특성에 대해 알아보아요.

현대 물리학의 아버지 알베르트 아인슈타인

상대성 이론을 외면한 노벨 위원회

1921년 노벨 물리학상

상대성 이론으로 유명한 알베르트 아인슈타인은 당대의 석학들마저 놀라게 한 천재 중의 천재 과학자였어요. 그런데 아인슈타인에게 노벨상을 안긴 건 상대성 이론이 아니라 광전 효과에 관한 논문이었습니다. 노벨 위원회는 과학의 역사를 바꾼 이 혁명적인 이론이 아니라 왜 아인슈타인의 다른 업적에 노벨상을 준 것일까요?

물리적 시공간에 대한 기존의 견해를 완전히 뒤엎은 아인슈타인의 **특수 상대성 이론**이 발표된 것은 1905년이었습니다. 이는 빛의 속도가 모든 관성계(관성의 법칙이 성립하는 좌표계)의 관찰자에 대해 동일하다는 원칙에 근거해서 시간과 공간 사이의 관계를 기술하는 이론이에요.

또한 특수 상대성 이론에 따르면 에너지와 질량은 동등하며 서로 전환이 가능합니다. 그 관계가 유명한 공식 **$E=mc^2$**(E는 에너지, m은 질량, c는 진공 속에서의 빛의 속도)이죠. 이 공식을 이용하면 핵분열이나 핵융합 때 발생하는 에너지의 근원과 그 양을 알 수 있는데, 인류가 원자력 에너지를 이용하고 원자폭탄을 만들 수 있게 된 것도 이 공식 덕분이라고 할 수 있습니다.

강한 중력장 속에서는 빛도 구부러진다는 **일반 상대성 이론**은 1916년에 발표되었습니다. 이 이론이 발표된 지 3년 후인 1919년 5월 아프리카에서 개기일식이 일어났을 때 영국의 천문학자 아서 에딩턴은 일반 상대성 이론이 맞는다는 사실을 관측으로써 증명했습니다. 태양 주변의 별이 태양 쪽으로 약간 휘어진 위치에서 관측되었기 때문이죠.

특수 상대성이라는 이름은 관성계, 즉 가속운동을 하지 않는 관찰자라는 특수한 상황에 적용된다는 의미이며, 일반 상대성은 가속운동이나 중력을 포함하는 일반적 상황에 적용되므로 이름을 그렇게 붙였어요.

아인슈타인의 노벨상 수상을 막다

시간 및 공간에 대한 기존 개념을 근본적으로 변혁시키고 철학사상에까지 영향을 준 특수 상대성 이론이 발표되자 아인슈타인은 1908년에 노벨상 후보에 오를 만큼 과학자들의 관심을 끌었습니다.

당시 베를린대학의 이론물리학연구소에서 근무하던 막스 폰 라우에도 이 이론이 발표되자마자 열렬한 관심을 보였어요.

그는 1907년부터 약 4년간 특수 상대성 이론의 적용에 관한 논문을 8개나 발표할 만큼 아인슈타인의 열렬한 팬이 되었습니다.

하지만 아인슈타인의 상대성 이론을 의심하는 과학 석학들도 있었어요. 특히 노벨 위원회 물리학 부문의 심사위원이며 나중에 심사위원장까지 지낸 스웨덴의 알바르 굴스트란드는 상대성 이론이 틀렸다고 생각하는 대표적인 인물이었습니다. 이론보다 실험을 강조했던 당시 물리학계는 혁명적 이론에 대해 보수적인 태도를 취했기 때문이죠.

굴스트란드는 꽤 오랜 기간 동안 아인슈타인의 노벨상 수상을 막았는데, 1920년에 젊은 이론물리학자가 새로이 심사위원으로 선출되면서 분위기가 바뀌었습니다. 그는 굴스트란드가 상대성 이론 때문에 아인슈타인의 노벨상 수상을 거부하는 상황을 눈치채고는 상대성 이론 대신 광전 효과의 연구에 대해 노벨상을 주자고 제안했던 거예요. 그 덕분에 아인슈타인은 1921년에서야 노벨 물리학상을 받을 수 있었습니다.

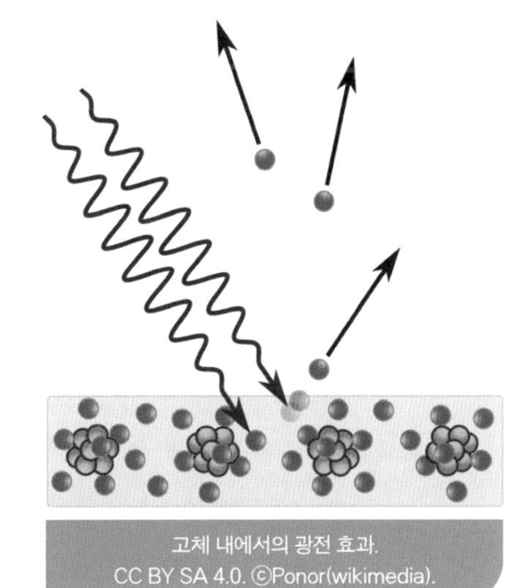
고체 내에서의 광전 효과.

광전 효과란 특정 금속에

일정한 진동수 이상의 빛을 비추면 금속의 표면에서 전자가 방출되는 현상을 말합니다. 아인슈타인은 이 현상에 대해 빛이 각각의 진동수에 비례하는 에너지를 갖는 입자 형태의 광양자로 이루어져 있기 때문이라는 **광양자설**을 주장했어요.

대학 입학시험에 떨어진 천재 과학자

아인슈타인이 상대성 이론 아이디어를 처음 떠올린 건 열여섯 살 때였습니다. 그는 자신이 빛의 속도로 움직이는 빛 위에 타고 있을 때 어떤 일이 일어날지 생각했던 거죠. 과연 그는 어떻게 이처럼 획기적인 발상을 하게 되었던 걸까요?

사실 아인슈타인은 대학을 졸업하고 스위스 베른 전매특허국에서 일할 때까지 그렇게 주목받은 적이 별로 없습니다. 아니, 그의 학창 시절은 오히려 실패에 가까웠습니다. 세 살이 다 되도록 말을 제대로 하지 못했으며 초등학교 때에는 교사에게 야단맞기 일쑤였죠. 학업 성적이 별로 좋지 못했던 것은 물론 숙제도 안 한 채 학교에 간 적이 많았기 때문입니다.

여기엔 나름대로 이유가 있었습니다. 아인슈타인은 어린 시절부터 주입식 교육을 매우 싫어해 교사 입장에서 볼 때 무례한 행동이 잦았어요. 그는 라틴어 문법처럼 억지로 외우는 과목은 전혀 공부하지 않고 수학과 과학에만 흥미를 느꼈습니다.

아인슈타인은 전기공학자가 되기 위해 스위스 연방 공과대학에 지원했는데 입학시험조차 통과하지 못했습니다. 수학과 물리학 성적은 뛰어났지만 다른 과목에서 낙제를 했기 때문이죠. 결국 1년간 고등학교 과정을 다시 다닌 뒤 대학에 진학한 그는 교수의 수업 대신 이론물리학자들의 저서를 구입해 혼자서 공부하기를 즐겨 했습니다.

암기만 중시하고 창의성은 무시하는 주입식 교육에 진저리를 쳤던 아인슈타인은 호기심이 누구보다 강했습니다. 어린 시절 그의 호기심을 일깨운 첫 번째 사물은 바로 나침반이었습니다. 아무리 흔들어도 오직 북쪽만을 가리키는 붉은색 자침은 그에게 사물의 배후에 숨겨져 있는 비밀을 탐구하게 했던 거죠. 일단 호기심이 생기면 문제를 해결하기 전까지 거기에만 몰두하는 그의 습관이 결국은 상대성 이론을 탄생시킵니다.

아인슈타인 초상.

아인슈타인은 소박한 생활 태도로도 유명합니다. 이발을 잘 하지 않아 더부룩한 머리에 늘 허름한 옷을 입고 다녔던 그는 학자들의 로망인 연구실마저 욕심을 내지 않았습니다. 프린스턴대학에서 넓은 연구실을 제공하자 좁은 곳으로 바꾸어 달라고 할 정도였죠.

당시 기자가 대학을 방문해 실험실을 보여 달라고 요청하자 아인슈타인은 주머니에서 만년필을 꺼내며 다음과 같이 말했다고 합니다. "내 실험실은 바로 이것입니다."

사색의 중요성

아인슈타인은 사색과 몽상을 즐겨 했습니다. 그가 열여섯 살 때 상대성 이론의 아이디어를 처음 떠올린 것도 사색과 몽상 중에 일어난 일이었습니다. 적절한 몽상과 사색이 새로운 아이디어를 만들어 내는 이유는 이 과정에서 기억이 통합되면서 비선형적 연결을 통해 문제를 새로운 관점으로 볼 수 있도록 만들어 주기 때문이라고 해요. 자칫 비생산적인 것으로 여겨질 수 있는 이런 행동이 때로는 가장 생산적인 행동일 수도 있답니다.

빛이 입자임을 증명한 아서 콤프턴

아인슈타인의 말도 믿지 못하겠다고?

1927년 노벨 물리학상

아인슈타인의 광양자설에 의하면 빛은 입자이지만, 대부분의 물리학자는 그의 말을 믿지 않았습니다. 당시만 해도 빛은 파동이라고만 믿고 있었으니까요. 그런데 아서 콤프턴이 '콤프턴 효과'를 발견하자 물리학자들은 더 이상 빛의 입자성을 인정하지 않을 수 없었어요. 도대체 콤프턴 효과가 무엇이기에 아인슈타인의 말도 믿지 않던 그들을 설득할 수 있었을까요?

빛이 파동인가 입자인가에 대한 논쟁은 근대 이론과학의 선구자인 아이작 뉴턴으로까지 거슬러 올라가야 합니다. 뉴턴은 빛이 아주 작은 입자라는 가정을 바탕으로 빛의 반사, 굴절, 분산을 설명했어요. 즉, 그는 빛을 파동이라고 보기보다 입자라고 생각한 거죠.

이에 대해 크리스티안 하위헌스라는 과학자는 빛이 입자라는 뉴턴의 주장에 동의하지 않고, 빛의 파동설을 제기했습니다. 그러나 하위헌스의 파동설은 뉴턴의 명성에 가려져 100년 넘게 인정받지 못했어요.

그런데 19세기 초 영국의 토머스 영이라는 과학자가 실험을 통해 빛의 간섭(여러 개의 파동이 중첩하면서 원래보다 커지거나 작아지는 현상)을 예로 들며 빛이 파동이라는 사실을 증명합니다. 그 후로도 논쟁은 이어졌지만 대체로 빛의 파동설이 폭넓은 지지를 받게 됩니다.

이에 대해 다시 반론이 제기되기 시작한 건 19세기 말에 쏟아진 빛의 복사 현상에 관한 실험 결과들 때문이었어요. 열복사에 관한 연구를 이어 오던 빌헬름 빈은 흑체를 가지고 다양한 실험을 수행해 복사에 대한 법칙을 발표했습니다. 흑체란 빛을 접할 때 반사하지 않고 100% 흡수하는 물체를 말합니다. 그런데 빈이 발표한 법칙은 짧은 파장의 빛만 설명할 수 있었고 긴 파장의 빛에는 적합하지 않았어요.

그 후 레일리라는 물리학자는 긴 파장의 빛을 설명할 수 있는 법칙을 발표합니다. 하지만 두 법칙 모두 각자의 영역만 설명할 수 있을 뿐 짧은 파장과 긴 파장 전체를 설명할 수 있는 이론은 없었습니다.

빛은 파동이자 입자이기도 해

이런 상황에서 1900년 12월에 막스 플랑크가 매우 특별한 가설을 발표합니다. 빛의 에너지가 연속적인 값이 아니라 일정한 단위의 덩어리, 양자로 구성되어 있을 수도 있다는 주장이었죠. 양자는 더 이상 나눌 수 없는 에너지의 최소량 단위입니다. 플랑크는 파장의 길고 짧음에 관계없이 모든 영역에 적용할 수 있는 **플랑크 상수**의 관계식도 함께 발표했습니다.

그의 가설은 혁명적인 제안이었습니다. 에너지가 연속적인 값을 가지지 않는다는 것은 빛이 파동이 아닐 수도 있다는 의미였기 때문이죠. 그러기 위해선 빛이 작은 에너지 덩어리의 보임, 즉 입자여야 했던 거예요.

당시엔 막스 플랑크 자신도 이에 대한 정확한 개념이 없었으며, 단지 수학의 기교일 뿐이라고 주장했습니다. 그런데 1905년에 아인슈타인이 발표한 광양자설은 막스 플랑크의 가설을 뒷받침해 주는 유력한 이론이 되었습니다. 아인슈타인은 이 가설에서 빛이 에너지 덩어리, 즉 광양자로 구성되어 있다고 본 거죠.

그리고 미국의 물리학자 아서 콤프턴이 1923년에 빛을 입자로 간주한 **콤프턴 효과**를 발표했습니다. 콤프턴은 처음에 천문학을 주로 연구하다 X-선으로 연구 분야를 변경합니다. 이후 X-선 산란에 관한 연구를 본격적으로 시작했는데, 콤프턴 효과에 대한 최초의 증거를 얻은 것은 광학적으로 동일한 파장으로 이루어진 광원을 입사한 후 나타난 2개의 **산란복사**에서였죠.

하나는 원래의 빛과 동일했지만, 다른 것은 약간 더 긴 파장을 지닌 산란복사였기 때문이에요. 산란 후 빛의 파장이 길어졌다는 것은 산란된 빛이 원래의 빛보다 에너지가 적다는 사실을 의미합니다. 이는 빛이 입자의 성질을 지니고 있음을 의미하기도 했어요.

X-선 등의 빛으로 전자를 산란시켰을 때 산란 후 빛의 파장이 길어지는 콤프턴 효과는 이후 케임브리지대학의 찰스 윌슨 교수에 의해 실제로 증명됩니다. 대전(어떤 물체가 전기를 띰)된 입자의 경로를 눈에 보이도록 만드는 확장법을 발견한 덕분이죠. 이 같은 공로를 인정받아 아서 콤프턴은 찰스 윌슨과 공동으로 1927년 노벨 물리학상을 받았습니다.

현대 물리학의 양대 산맥을 이루는 이론

빛 에너지가 불연속적으로 존재하는 에너지 양자로 되어 있다는 주장은 아인슈타인의 상대성 이론과 함께 현대 물리학의 양대 산맥을 이루는 **양자 이론**으로 발전하게 됩니다. 양자 이론은 미시 세계의 사물들이 우리가 일상에서 볼 수 있는 사물들과 달리 불연속적이고 확률적인 방식으로 존재하고 운동한다는 충격적인 이론입니다.

콤프턴은 1941년에 원자력 이용에 관한 국가위원회 의장이 되어 원자폭탄을 개발하는 **맨해튼 프로젝트**를 이끌기도 합니다.

그는 엔리코 페르미 등과 함께 최초로 제어되는 우라늄 핵분열 원자로를 건설했으며, 워싱턴 핸포드의 대형 플루토늄 원자로를 만들었습니다. 이곳에서 제조된 플루토늄이 1945년 일본 나가사키에 투하된 원자폭탄의 재료가 되었죠.

콤프턴이 1962년에 사망한 직후 태평양 존스턴섬의 상공 400km에서 1.44메가톤급의 수소폭탄 실험이 진행됐습니다. 그런데 그곳에서 800km 떨어져 있던 관측 장비가 파손됐고, 1,500km나 떨어진 하와이에서는 가로등이 파손되고 통신망이 두절되는 사건이 발생했어요.

1936년 1월 13일 자 타임지 표지에 실린 아서 콤프턴.

핵폭탄이 폭발할 때 발생하는 감마선, 즉 전자기 펄스(Electromagnetic Pulse, 약칭 EMP)는 대기 중의 산소 및 질소 등의 분자와 충돌하면서 전자를 튕겨 냅니다. 이렇게 튕겨 나간 전자는 지구 자기장 영향을 받아 전자파 형태의 에너지를 방출하게 되고, 그 영향으로 주변에 있던 전자기기가 먹통이 되었던 것이죠.

이후, 이 원리를 이용한 EMP

탄이 개발되었는데, 전자기 펄스를 이용한 이 폭탄은 전자 장비가 많은 현대 군대의 방어 체계를 순식간에 무너뜨릴 수 있다는 점에서 핵폭탄보다 더 파괴적인 무기로 간주되기도 합니다. 그런데 EMP탄의 전자기 펄스가 생기는 이유는 바로 콤프턴 효과 때문입니다. 즉, 현대에서 가장 위협적인 두 무기의 개발이 모두 아서 콤프턴과 연관된 셈이죠.

아서 콤프턴은 제2차 세계대전이 끝난 후 워싱턴대학의 총장으로 취임해 은퇴할 때까지 자연철학 교수로 강단에 섰어요. 그런데 이때 콤프턴은 현재 전 세계 도시에서 운전자들의 속도를 줄이게끔 만드는 '과속방지턱'을 고안했습니다. 학교 교정에서 차들이 너무 빠른 속도로 달리면서 학생들을 위협하는 걸 보고 착안해 낸 거죠. 이처럼 그는 실생활에서의 안전까지 고려한 인간적인 과학자이기도 했습니다.

‘에디슨 효과’를 규명한 오언 리처드슨

발명왕 에디슨이 놓친 기이한 현상

1928년 노벨 물리학상

천재적인 발명가 에디슨은 백열전구를 개발하던 중 진공 상태에서도 전류가 흐르는 기이한 현상을 발견했습니다. 그런데 ‘에디슨 효과’라고 명명된 이 현상으로 정작 노벨상을 받은 이는 오언 리처드슨이었어요. 발명왕 에디슨은 왜 노벨상을 받지 못했던 걸까요?

백열전구 개발에 착수한 에디슨이 수많은 시행착오 끝에 선택한 필라멘트는 탄화된 목화실 조각이었습니다. 그런데 이 전구의 수명은 고작 15시간에 불과했어요. 다시 연구에 착수한 에디슨은 마침내 1,500시간 동안이나 빛을 발할 수 있는 대나무 필라멘트를 찾아내는 데 성공합니다.

하지만 실용화 단계에서 이상한 현상이 발견됩니다. 대나무 필라멘트가 증발해 전구 안쪽의 유리 벽이 자꾸 검게 변해 버리는 현상이 나타난 거죠. 에디슨은 순수한 금속 필라멘트를 사용해 그 같은 검댕 현상을 해결하는 데도 성공합니다.

그런데 이번에는 아주 희한한 일이 벌어졌습니다. 전구에 백금 조각을 봉입하고 전압이 걸린 필라멘트와 접속시킨 다음 백금 조각을 양극에 연결하자 백금 조각과 필라멘트 사이의 허공에 전류가 흘렀던 거죠.

진공 상태에서는 전류가 흐를 수 없다는 게 당시의 과학 상식이었기에 그것은 매우 충격적이었어요. 더욱 신기한 건 백금 조각을 음극에 연결하면 전류가 흐르지 않는다는 사실입니다. 에디슨은 그 특별한 램프를 만들어 특허출원을 한 뒤 곧바로 다른 발명에 매달렸습니다.

다음 해인 1884년 영국의 엔지니어 윌리엄 프리스는 에디슨의 백열전구에서 그처럼 신기한 현상이 일어나는 것을 직접 발견한 뒤 이를 **에디슨 효과**라고 명명해요. 그런데 왜 그런 현상이 일어나는지가 과학적으로 규명된 것은 그로부터 17년이 흐른 뒤 영국의 물리학자 오언 리처드슨에 의해서였습니다.

12년 만에 자신의 이론을 증명한 리처드슨

리처드슨은 1901년에 발간한 논문에서 에디슨 효과가 열전자 방출 때문에 일어난다고 주장합니다. **열전자 방출**이란 고온의 물체, 특히 금속이나 반도체의 표면에서 물질 내의 전자들이 열에 의해 외부로 방출되는 현상을 말합니다.

즉, 진공 속에서 그 물체보다 더 높은 전기적 전위를 가진 전극인 양전위의 전극을 배치하면 전자가 그 방향으로 흘러 열전자 전류가 생깁니다. 이 같은 전기전도성은 금속 내에 자유전자가 존재하기 때문이죠. 참고로 자유전자란 원자나 분자에 결합되지 않고 물질을 통해 자유롭게 이동할 수 있는 전자를 말합니다. 금속과 같이 자유전자가 많은 물질은 전기를 잘 전도하는 반면, 비금속처럼 자유전자가 적은 물질은 전기전도성이 낮습니다.

하지만 당시엔 금속과 그 속에 함유된 불순물 간에 일어나는 화학 반응으로 전자가 생긴다고 생각하는 과학자들이 많아 리처드슨의 이론에 의혹을 제기하는 시선들이 많았습니다. 리처드슨은 열전자 방출에 대한 자신의 이론을 증명하기 위해 무려 12년간이나 연구에 매달립니다.

1927년 솔베이 회의에서의 닐스 보어(왼쪽)와 오언 윌런스 리처드슨(오른쪽).

결국 그는 일부 과학자들이 생각한 것처럼 전자가 화학 반응이나 주변의 공기가 아닌, 뜨거운 금속에서 방출된다는 사실을 1911년에 밝혀냄으로써 마침내 자신의 이론이 모든 면에서 옳다는 것을 증명합니다.

더불어 그는 전자 방출 속도를 금속의 절대온도와 관련시키는 수학 방정식을 제안했습니다. **리처드슨의 법칙**으로 알려진 이 방정식은 에디슨 효과(혹은 리처드슨 효과)의 실질적인 응용을 가능하게 만들었던 거죠. 그는 이 같은 공로를 인정받아 1928년 노벨 물리학상을 수상했습니다. 하지만 이 현상을 제일 처음 발견한 에디슨은 공동 수상자 명단에도 오르지 못했어요.

에디슨의 치명적 단점

사실 백금 조각을 넣은 에디슨의 전구는 사상 최초의 전자기기용 진공관이었습니다. 에디슨 효과는 이후 진공관에 응용되면서 무선전신, 라디오, 텔레비전, 컴퓨터 등의 발명으로 이어지는 등 전자산업 발전의 토대가 됩니다.

에디슨이 최초의 진공관을 발견하고도 그에 대해 연구하지 않은 것에 대해서는 여러 가지 설명이 난무합니다. 당시 각종 특허 분쟁과 채권 문제 등으로 골치를 앓던 터라 더욱 시장성 있는 제품을 발명하기 위해 그 현상에 미처 관심을 두지 못했다는 설명이 그 중 하나죠.

또 다른 설명으로는 정규 교육을 받지 않은 탓에 평소 이론

규명에 대해 거부감을 가졌기 때문이라는 주장이 있습니다. 실제로 그의 연구는 과학적 이론을 바탕으로 하기보다는 여러 가지 다양한 방법을 수없이 시도하는 시행착오적 방식으로 진행됐습니다. 이 같은 과학적 이론의 부족은 그의 치명적 단점이기도 했습니다.

그러나 에디슨에게 노벨상 수상의 기회가 전혀 없었던 건 아닙니다. 1912년 노벨 위원회는 물리학상 수상자 후보로 에디슨을 지목합니다. 그런데 공동 후보로 지목된 테슬라가 에디슨과 함께 받는 상은 싫다며 거절하죠. 결국 그해의 노벨 물리학상 수상자는 무인 등대의 자동조명 시스템을 개발한 스웨덴의 구스타프 달렌으로 결정되었습니다.

테슬라와 에디슨의 사이가 나빠진 것은 테슬라가 에디슨연구소의 연구원으로 입사하면서부터 시작되었습니다. 그때 테슬라는 직류 전기를 발명한 에디슨에게 더 실용적인 교류 전기로의 전환을 제안합니다. 하지만 이미 직류 전기에 많은 투자를 한 에디슨이 그의 제안을 단호하게 거절한 거죠.

결국 에디슨연구소를 뛰쳐나와 자신의 회사를 설립한 테슬라는 교류 전기의 연구에 매진해 세계 최초의 교류 전기 모터와 변압기 등의 특허를 획득했습니다. 그러자 웨스팅하우스사가 이 특허들을 사들인 후 대대적인 교류 송전 사업을 추진했고, 직류와 교류의 전쟁에서 에디슨은 결국 패배하고 말았습니다.

에디슨의 직류가 패배한 이유는?

직류는 전류의 방향과 세기가 일정한 전류를 말합니다. 따라서 직류 방식으로 전기를 생산하고 전송하면 전류를 세게 하기는 쉽지만 전압을 높이기는 어렵습니다. 그에 비해 교류 방식은 전류를 세게 만들기 어려워도 전압을 높이는 건 쉽습니다.

전기를 전송하는 전선에는 저항이 있어 멀리 송전할수록 전기량이 줄어들게 됩니다. 이 때문에 전압을 높이기 어려운 직류의 경우 송전 범위가 발전소 주변에 국한될 수밖에 없는 거죠. 그에 비해 교류는 발전소를 전기 소비 지역 가까이에 지을 필요 없이 어디든 세울 수 있다는 장점이 있어 직류를 이기게 되었습니다.

물질파 이론을 제창한 루이 드브로이

박사학위 논문으로 노벨상을 타다

1929년 노벨 물리학상

폴 랑주뱅은 마리 퀴리의 남편인 피에르 퀴리가 프랑스 최고의 물리학자라고 칭송했으며, 아인슈타인도 천재라고 높이 평가한 당대의 석학이었어요. 그런데 1924년 어느 날 루이 드브로이라는 제자가 쓴 논문을 받아 든 랑주뱅은 고민 끝에 그 논문을 아인슈타인에게 소포로 부쳐서 읽게 했어요. 도대체 논문의 내용이 무엇이었기에 랑주뱅은 그와 같은 행동을 했을까요?

루이 드브로이가 박사학위 심사용으로 랑주뱅에게 제출한 그 논문은 **사물의 이중성**에 대한 내용을 담고 있었습니다. 당시에 광양자로 이루어진 빛은 입자와 파동이라는 두 가지 형태를 지닌다는 이중성을 인정받았습니다. 그런데 박사학위 논문에서 드브로이는 '전자를 비롯한 모든 물질도 빛처럼 입자성과 파동성을 동시에 가질 수 있으며, 이에 따라 **물질파**(matter wave)가 존재한다'고 주장한 거예요.

즉, 물질 입자라고 여겼던 전자가 파동의 성질도 지닌다고 주장한 거죠. 당시 시각으로 보면 그 논문은 말도 안 되는 발상이었습니다. 아인슈타인의 광양자 가설에서 광양자의 운동량과 파장의 관계식을 전자에 응용해 물질파의 존재를 수학적으로 증명한 그 논문은 획기적인 발상이긴 했으나, 랑주뱅이 보기엔 너무 철학적인 주제였던 거죠.

고민에 빠진 랑주뱅은 결국 절친한 사이인 아인슈타인에게 그 논문을 소포로 부쳐서 읽게 했습니다. 일방적으로 퇴짜를 놓기엔 논문을 쓴 제자와의 관계가 너무 특별했기 때문이었죠.

랑주뱅이 그 제자를 만난 건 자신의 지도하에 물리학 박사학위를 받은 모리스 드브로이의 소개 때문이었습니다. 해군 장교로 복무할 때 프랑스 최초로 함선에 무선전신 장치를 설치한 모리스는 이후 노벨상 후보로도 몇 번이나 거론된 저명한 물리학자였어요. 모리스는 열일곱 살이나 어린 자신의 동생 루이 드브로이를 랑주뱅에게 소개했는데, 그가 바로 너무 철학적인 논문을 써서 랑주뱅을 당혹하게 만든 주인공입니다.

드브로이 집안은 18세기 이후로 계속해서 공작 작위를 받은 귀족 가문입니다. 드브로이 형제의 할아버지는 1877년 쿠데타에 의해 수상이 된 정치가 J. V. A. 드브로이였으며, 루이 드브로이 역시 형인 모리스 드브로이가 1960년에 사망한 이후 작위를 승계해 드브로이 공작 7세가 되었습니다. 이 같은 높은 가문의 배경도 랑주뱅이 제자 루이 드브로이의 논문을 무시할 수 없었던 이유 중 하나였어요.

형의 연구에 자극받아 아이디어 떠올려

사실 루이 드브로이의 첫 전공은 역사학입니다. 소르본대학에서 역사학으로 학사학위를 받은 그는 형인 모리스의 영향으로 파리 대학에서 물리학을 다시 전공해 두 번째 학사학위를 받았어요. 이후 군에 입대해 제1차 세계대전 때는 육군의 무선 담당으로 에펠탑에서 근무하며 물리학의 기술적 문제를 연구했습니다.

당시 그의 형인 모리스는 아인슈타인의 광양자론에 착안하여 X-선도 파동과 입자의 복합체라고 추정해 이를 증명하기 위한 실험에 몰두하고 있었습니다. 형의 연구에 자극을 받은 루이 드브로이는 입자와 파동의 이중성이 빛에만 국한된 것이 아니라 물질에도 적용될 수 있다는 기발한 아이디어를 떠올렸고, 그것이 계기가 되어 박사학위 논문을 작성한 거죠.

그런데 루이 드브로이의 논문을 받아 본 아인슈타인은 랑주뱅의 예상과는 전혀 달리 대단한 걸작이라고 격찬했습니다. 왜냐하면 그 논문은 자신이 창안한 상대성 이론과 광양자 가설로부터 자연스레 유도된 결과였기 때문이죠. 아인슈타인은 유럽 물리학계에 드브로이의 물질파 개념을 널리 소개했으며, 자연스레 루이 드브로이의 이름도 널리 알려지게 되었답니다.

전자라는 입자가 파동의 특성도 갖고 있다는 드브로이의 주장은 1926년 옥스퍼드에서 열린 영국과학진흥협회 학술회의에 우연히 참가한 두 과학자에 의해 실험으로 입증됐습니다. 미국 벨전화연구소에서 근무하던 클린턴 데이비슨과 애버딘대학의 교수였던 조지 톰슨이 바로 그 주인공들이에요.

데이비슨은 학술회의에서 드브로이의 물질파 이론을 접했어요. 이후 1927년에 연구소 동료인 거머와 함께 니켈 금속 표면에 전자빔을 쪼이는 실험을 하다 간섭무늬가 형성되는 것을 발견함으로써 드브로이의 물질파를 실험으로 입증하는 데 성공했습니다.

양자역학 정립에 큰 역할을 해

조지 톰슨 역시 학술회의에서 자극을 받아 1927년 금과 알루미늄 등의 고체 표적에 음극선 빔을 발사해 전자가 회절하는 모습을 밝힘으로써 물질파 이론에 대한 실험적 증거를 얻는 데 성공했습니다. 이 같은 회절 현상은 입자에서는 절대 나타날 수 없고 파동에서만 나타나는 성질이기 때문이죠.

이후 유사 실험들이 성공하면서 물리학자들은 모든 물질이 입자와 함께 파동성을 갖고 있다는 가설을 인정해야 했습니다. 드브로이가 주장한 물질파 개념은 양자역학의 시초로 볼 수 있는 닐스 보어의 **원자 모형**을 시원하게 보충하는 근거가 되었어요.

또한 에르빈 슈뢰딩거는 드브로이의 물질파 개념을 받아들여 1926년에 전자의 행동을 기술하는 파동방정식을 마련함으로써 **파동역학**을 정립하는 데 성공했습니다. 이후 막스 보른이 슈뢰딩거의 방정식에 확률의 개념을 도입했으며, 이는 하이젠베르크에 의해 **불확정성 원리**로 체계화되었어요. 드브로이의 물질파 이론이 오늘날의 양자역학이 정립되는 데 큰 역할을 한 셈이죠.

물질파 이론을 제창한 루이 드브로이는 1929년 노벨 물리학상을 받았습니다. 이는 박사학위 논문으로 노벨상을 수상한 유일한 사례였어요. 파동역학을 정립한 슈뢰딩거는 1933년 노벨 물리학상을 받았으며, 그들의 주장을 입증한 데이비슨과 조지 톰슨 역시 1937년 노벨 물리학상 수상자가 되었답니다.

전자가 파동의 성질도 지닌다는 사실을 증명한 조지 톰슨의 아버지는 전자를 최초로 발견해 1906년에 노벨 물리학상을 받은 J. J. 톰슨입니다. J. J. 톰슨은 실험을 통해 음극선이 아주 작은 미립자의 흐름이며 마이너스 전기를 띤다는 사실을 알아내고는 이 새로운 형태의 미립자에 '전자(electron)'라는 이름을 붙인 거죠. 즉, 아버지 톰슨은 전자가 입자라고 생각한 데 비해 아들 톰슨은 아버지의 연구 결과를 뒤집고 전자가 파동이라는 사실을 증명한 셈이에요.

라만 효과를 발견한 찬드라세카라 라만

물리학상을 받은 최초의 아시아인

1930년 노벨 물리학상

1901년부터 시작된 노벨상의 수상자들은 거의 백인이었어요. 특히 과학 분야에서는 그 정도가 더욱 심했죠. 당시만 해도 유럽과 미국을 제외한 다른 지역은 과학의 발전이 매우 뒤떨어져 있었기 때문입니다. 그런데 인도의 찬드라세카라 라만은 과학 중에서도 가장 기초가 되는 물리학상을 받았어요. 그는 과연 어떤 연구를 했기에 과학계의 관심이 집중되는 물리학상을 받은 걸까요?

창덕궁 후원의 일반 관람 불가 지역인 관람지 부근에는 관람정과 승재정, 존덕정 등의 정자가 세워져 있습니다. 그중 가장 오래된 것은 1644년(인조 22년)에 건립된 존덕정이에요. 한국전통문화대학교 연구진은 이 정자의 교체된 목재에 남아 있는 단청 녹색 안료를 분석한 결과 '시아닌 그린'이라는 성분과 '탄산칼슘 혼합물'이라는 사실을 알아냈습니다.

미국 항공우주국(NASA)의 화성 탐사로봇 피닉스가 채취한 화성 토양 샘플에서는 '칼슘 과염소산염류'가 존재하는 것으로 밝혀졌어요. 미국 미시간대학 연구진은 화성의 극지방 얼음이 그 염분으로 인해 다시 녹을 수도 있다는 가설을 세우고 실험을 했습니다.

금속 실린더 내부에 화성 극지방과 유사한 표토를 배치한 후 얼음과 칼슘 과염소산염류를 넣고 온도를 -120℃와 -21℃ 사이로 이동시킨 것이죠. 그 결과 놀랍게도 -73℃가 되었을 때 연구진은 미세한 물이 생성된다는 사실을 밝혀냈어요.

위의 두 연구는 한 가지 공통점을 지닙니다. **라만 분광법**을 이용해서 성공한 연구라는 점이죠. 라만 분광법은 바로 찬드라세카라 라만이 발견한 분석 기법이에요. 빛이 분자를 만나면 그 종류에 따라 고유한 파장이 나타나는 원리를 이용한 분석법으로, 이를 이용하면 원료 성분을 분자 단위로 분석해 낼 수 있어요.

인도 남부의 티루치치라팔리에서 물리학 교사의 아들로 태어난 라만은 마드라스의 프레지덴시대학에 입학해 최우수 성적으로 졸업했습니다. 이후 재무부 회계국의 관리로 근무한 그는 꾸준히 개인 연구 활동을 한 끝에 캘커타대학 물리학 교수로 임용되었어요.

산란된 빛의 특성 연구하다 '라만 효과' 발견

시골보다 도시의 저녁노을이 더 붉게 보이는 경우가 많습니다. 대기에 미세먼지나 오염 물질 같은 입자가 많으면 틴들 효과로 인해 빛이 더 산란돼 저녁노을의 색상이 더 강렬해지기 때문이죠. 틴들 효과란 빛이 미세한 입자를 통과할 때 산란되는 현상입니다. 예를 들면 안개 낀 날 자동차 헤드라이트 빔이 더 뚜렷하게 보이는 것은 안개 속 물방울들이 빛을 산란시키는 틴들 효과 때문이죠.

그런데 산란된 빛이 틴들 효과에 의하지 않는 경우가 있다는 사실이 밝혀지면서 라만은 산란된 빛의 특성을 연구하기 시작했어요. 1928년 라만은 마침내 산란된 빛에 입사광선과 다른 파장의 스펙트럼선이 관측되는 현상을 발견해요. 이게 그 유명한 라만 효과예요. 라만 효과에 따르면 입사광의 파장을 바꿀 경우 새로운 선들의 파동도 함께 변합니다. 라만은 여러 물질을 산란 물질로 사용해 라만 현상의 일반적인 특징을 밝혔어요. 빛을 양자로 다루는 양자론에 의해서만 설명이 가능한 라만 효과는 분자의 구조 및 그 에너지 상태에 관한 연구에 큰 영향을 미쳤습니다.

라만 효과로 인해 입사광과 다른 파장을 가진 산란광이 생성되며, 이 같은 라만선의 발견은 분자 구조를 이해하는 데 매우 중요한 진전을 이루었다는 평가를 받아요. 분자의 진동을 모든 영역에서 연구할 수 있는 간단하고도 정확한 방법인 라만 효과는 물질의 구조를 연구하는 새로운 길을 열었던 거죠.

어떤 물질에 쏜 빛이 물질을 통과하는 과정에서 본래의 빛 에너지가 달라질 때 나오는 라만 신호의 경우 물질마다 다르게 나타나므로 몸속 생체분자 같은 나노미터 크기의 물질을 정확히 분석하고 검출하는 데 활용할 수 있습니다.

조카도 노벨 물리학상 받아

찬드라세카라 라만은 기체 확산에 관한 뛰어난 연구와 라만 효과를 발견한 공로를 인정받아 1930년에 노벨 물리학상을 수상했습니다. 아시아권 최초의 노벨상 수상자는 1913년에 문학상을 받은 인도의 타고르였는데, 라만은 아시아 최초의 노벨 과학상을 받은 것이죠.

하지만 이들의 노벨상 수상을 아시아인이 순수하게 이룬 업적으로 보기엔 애매해요. 인도가 영국의 식민 지배하에 있을 때 받은 노벨상이기 때문입니다. 막강한 국제적 지위와 영향력을 과시했던 영국 덕분이었다는 시각이 우세하죠. 또한 당시 인도의 학문이 영국으로부터 큰 영향을 받고 있었기에 라만의 과학적 업적이 탄생할 수 있었다는 지적이 있어요.

이들을 제외할 경우 가장 먼저 노벨상을 받은 아시아인 수상자는 일본의 유카와 히데키예요. 그는 원자핵 속의 새로운 입자인 **중간자**의 존재를 예측하는 이론을 세운 업적으로 1949년 노벨 물리학상을 받았습니다.

한편, 라만 집안은 퀴리 집안에 이어 몇 안 되는 노벨상 수상 가문이기도 해요. 1983년 노벨 물리학상을 받은 인도 출신의 미국 천문학자 수브라마니안 찬드라세카르가 바로 그의 조카이기 때문이죠. 유명한 이론천체물리학자인 수브라마니안은 항성 대기, 항성의 내부 구조, 항성계의 역학 등에 대해 연구했으며, 아인슈타인의 특수 상대성 이론을 도구로 삼아 백색왜성이 태양 질량의 1.44배까지 커지면 전자의 구조가 무너지면서 폭발하게 된다는 '찬드라세카르 한계'를 발견한 공로 등을 인정받아 노벨상을 받았습니다.

라만 분광법에 사용되는 라만 신호는 크기가 너무 약해 측정이 거의 불가능하고 반복적으로 재현하기 어려워 실용화에 많은 어려움을 겪었습니다. 이에 따라 과학계에서는 미약한 라만 신호를 증폭하는 방법을 찾기 위해 노력하고 있어요. 라만 신호의 증폭 기술이 상용화되면 살아 있는 세포 내에서 약물 효과를 빠르게 파악할 수 있어 신약 후보 물질을 찾는 시간과 비용을 크게 줄일 수 있을 뿐만 아니라 체내 이미징이나 체외 진단 등 다양한 진단 기술 분야에서 활용될 수 있습니다.

반물질의 아버지 폴 디랙

유명해지는 걸 싫어한 천재 과학자

1933년 노벨 물리학상

물리학을 고전 물리학과 현대 물리학으로 구분 짓게 한 것은 20세기 이후 등장한 상대성 이론과 양자론입니다. 모순이 있는 것처럼 보이는 이 두 이론을 통합해 상대론적 양자역학을 개척한 이는 바로 아인슈타인과 필적할 만한 천재로 알려진 폴 디랙이에요. 그런데 그는 노벨상 수상을 별로 달가워하지 않았습니다. 무슨 사연이 숨어 있는 걸까요?

폴 디랙은 1902년 8월 8일 영국 브리스틀에서 태어났어요. 스위스에서 영국으로 건너와 프랑스어 교사를 하고 있던 부친 찰스 디랙은 아이들에게 매우 엄격해 식탁에서는 오직 프랑스어로 말하기를 강요했습니다.

삼 남매 중 둘째였던 폴 디랙은 미숙한 프랑스어 실력 때문에 가정에서 말을 별로 하지 않았어요. 그는 성장해서도 다른 사람과의 소통에 어려움을 겪을 만큼 사교성이 부족했습니다.

워낙 말이 없는 그를 보고 과학자 동료들은 '디랙 단위'란 걸 만들었다고도 전해져요. 여기서 1디랙은 한 시간에 한 마디를 하는 거였죠. 또한 그는 '모든 여성을 두려워하는 천재'라는 별명을 얻기도 했어요.

그럼에도 타고난 그의 수학적 재능만은 감출 수 없었습니다. 어릴 적부터 수학에 뛰어난 소질을 보인 그는 머천트 벤처러라는 중등학교에서 교육을 받은 후 브리스틀대학에 진학해 전기공학을 전공했어요. 이후 양자역학에 대한 논문을 써서 1926년 박사학위를 받았으며, 닐스 보어의 지도로 양자론을 연구해 1932년에는 케임브리지대학 교수가 되었습니다.

처음부터 폴 디랙은 상대성 이론의 가정을 충족하는 파동역학을 정립하려고 마음먹고 있었어요. 그리고 1928년에는 초기의 파동방정식을 더 간단한 2개의 방정식으로 나누었는데, 이것이 바로 그 유명한 **디랙 방정식**이에요.

전자의 반물질인 양전자의 존재 예견해

첫 번째 방정식은 특수 상대성 이론과 잘 일치했습니다. 하지만 두 번째 방정식에는 약간 문제가 있었죠. 질량과 전하량의 크기는 같지만 음의 에너지를 가진 전자가 존재해야 그 식이 성립 가능했기 때문이에요. 당시 대부분의 물리학자들은 디랙 방정식이 물리학이 아니라 수학일 뿐이라며 무시했습니다.

그러나 디랙은 자신의 방정식이 수학적으로 너무 아름다워서

칠판 앞에 선 폴 디랙.

결코 틀릴 수 없다고 믿었어요. 그는 음의 에너지를 가진 전자가 가득 찬 것을 우주의 진공 상태라고 생각했습니다. 그 같은 진공을 **디랙의 바다**라고 해요.

그런데 텅 비어 있는 디랙의 바다에 빛을 쪼이면 음의 에너지를 가진 전자 중에서 하나가 그것을 흡수해 구멍이 하나 생기고, 양의 에너지를 지닌 전자가 생기게 되어요. 디랙은 그 입자가 새로운 종류의 입자라고 생각했습니다. 이것이 바로 **구멍 이론**으로서, 전자의 반입자인 **양전자**의 존재를 예견한 이론이에요.

보통의 물질을 구성하는 소립자의 반입자, 즉 반물질이 존재한다는 디랙의 이론에 학계는 큰 관심을 기울이지 않았습니다. 그런데 그로부터 불과 4년 후 폴 디랙의 주장이 사실임이 밝혀졌어요. 전자와 질량은 같지만 양의 전하를 가진 양전자가 발견된 것이죠.

최초의 반물질인 양전자를 발견한 이는 미국 캘리포니아공대의 대학원생 칼 앤더슨이었어요. 그는 우주선(cosmic ray)이 어떤 입자로 이뤄져 있는지 알아보는 실험을 하던 중 질량이 전자와 같으면서도 양전기를 띤 입자를 발견했습니다.

반물질이란 보통의 물질을 구성하는 입자에 대해 반대되는 입자로 구성된 물질을 말해요. 즉, 양성자, 전자, 중성자 등이 보통의 물질을 구성하는 입자라면 그와 반대의 전하를 띤 반양성자, 양전자, 반중성자 등으로 구성되는 물질입니다. 모든 물질은 일종의 거울 이미지 같은 반물질을 가지고 있는 셈이죠.

하지만 우리는 반물질을 볼 수 없어요. 우리가 사는 세상은 모두 물질로 구성되어 있기 때문이죠. 만약 입자와 반입자가 만나면 상호작용하여 감마선이나 중성미자로 변하므로 그 존재를 확인하기 어렵습니다.

핵폭탄보다 훨씬 무서운 무기 만들 수 있어

댄 브라운의 소설을 토대로 만들어진 영화 〈천사와 악마〉에서는 이 같은 반물질을 이용해 바티칸을 폭파한다고 위협하는 장면이 나옵니다. 여러 의견이 있지만 반물질을 이용하면 이론적으로 현재의 핵폭탄보다 훨씬 위력이 큰 무기를 만들 수 있다고 해요.

1960년대 미국 TV에서 방영된 〈스타트렉〉이란 SF 드라마에 등장하는 거대한 몸집의 함선인 엔터프라이즈호는 빛보다 빠른 속도로 우주를 비행합니다. 반물질을 에너지로 사용할 수 있는 초광속 엔진을 탑재했다는 설정 덕분이죠.

반물질은 물질과 쌍소멸하는 특성으로 인해 보관 및 관리가 매우 까다로운데, 의학 분야에서 현재 매우 유용하게 활용되고 있습니다. 암이나 뇌질환 등의 진단에 주로 사용되는 양전자 방출 단층촬영장치(PET)가 바로 그것이에요. 우리 몸에 양전자를 방출하는 방사성 원소를 넣은 다음 양전자가 주변의 전자와 쌍소멸하는 흔적을 추적해 각 부위의 상태를 파악하는 거죠.

한편, 실험적으로도 확인된 디랙 방정식은 양자역학의 기본 방정식인 슈뢰딩거 방정식의 한계를 해결해 버렸습니다. 슈뢰딩거 방정식은 입자가 빛의 속도에 비해 천천히 움직일 때만 적용할 수 있었는데, 디랙이 상대론적 양자역학을 개척함에 따라 빛의 속도에 근접할 만큼 빠르게 움직이는 입자에도 적용할 수 있게 된 거죠.

이 같은 공로를 인정받아 폴 디랙은 슈뢰딩거와 함께 1933년 노벨 물리학상을 공동으로 수상했습니다. 이때 폴 디랙의 나이는 31세였어요. 하지만 그는 노벨상 수상을 별로 달가워하지 않았어요. 유명해지는 게 싫어서 처음엔 노벨상을 거부하려고 했던 거죠.

그런데 상을 거부하면 언론들로부터 더 많은 관심을 받게 될 거라는 러더퍼드의 충고를 듣고 결국 상을 받았어요. 아인슈타인 이후 가장 큰 업적을 남긴 폴 디랙이 일반인에게는 덜 알려진 과학자로 남아 있는 것은 어쩌면 그의 이 같은 성향 때문인지도 모릅니다.

왜 우리 세상은 물질뿐일까?

빅뱅 직후 우주는 물질과 반물질이 같은 양으로 생겨나고 소멸한 것으로 추정하고 있어요. 하지만 어느 순간 그 같은 균형이 깨져 지금은 물질로 넘쳐나는 우주가 된 거죠. 과학자들은 지금도 우주가 갑자기 물질 세계가 된 미스터리를 풀기 위한 연구를 계속하고 있어요. 그런데 우주 어딘가에는 물질이 아닌 반물질로만 이루어진 세계가 있을지도 모릅니다.

중성자를 발견한 제임스 채드윅

스승이 예언한 입자를 찾아낸 제자

1935년 노벨 물리학상

독일의 보데와 베커는 베릴륨이라는 물질이 헬륨의 핵과 충돌할 때 기존의 과학적 지식으로는 도저히 설명하기 힘든 새로운 현상이 일어난다는 사실을 발견했어요. 그런데 그 소식을 전해 들은 영국의 제임스 채드윅은 그것의 정체에 대해 짚이는 것이 하나 있었습니다. 그 새로운 현상의 정체는 과연 무엇이었을까요?

보데와 베커가 발견한 새로운 현상이란 베릴륨이 헬륨의 핵과 충돌했을 때 아무런 속도의 손실 없이 수 cm 두께의 청동판을 투과하는 것이었어요. **베릴륨 복사**라고 불린 이 새로운 현상을 발견했을 때 과학자들은 강력한 감마선이 일으키는 감마 복사인 것으로 추정했어요. 하지만 감마 복사와는 에너지 값이 다르다는 사실이 곧 밝혀졌어요.

채드윅은 청동판을 관통한 방사선의 정체가 바로 자신의 스승인 러더퍼드가 제안한 **중성자**가 아닐까 생각했습니다. 러더퍼드라니 어디서 들어 본 이름 같지 않나요? 맞습니다. 폴 디랙에게 노벨상을 거부하면 언론으로부터 더 많은 관심을 받게 될 거라고 충고한 과학자죠.

뉴질랜드 출신으로 영국에서 활동했던 어니스트 러더퍼드는 방사능이 물질의 원자 내부 현상이며 원소가 자연히 붕괴하고 있다는 사실을 밝혀 1908년 노벨 화학상을 수상한 유명 과학자예요. 러더퍼드는 기존의 설과는 전혀 다른 새로운 원자 모형을 제시하기도 했는데, 그는 양성자에 전자가 결합한 형태의 중성 입자가 존재할 거라는 가설을 세웠습니다.

다른 과학자들이 보데와 베커가 발견한 것을 감마선이라고 추정하고 있을 때 채드윅은 그것이 러더퍼드의 중성 입자일 거라고 생각했어요. 채드윅이 그렇게 생각한 데에는 이유가 있습니다. 중성 입자, 즉 중성자는 양성자나 전자와 달리 전하가 없으므로 물체에 포획되지 않고 청동판을 관통하는 능력이 있을 거라고 추정한 거예요.

채드윅은 베릴륨에서 방출된 중성자들이 베릴륨 복사를 일으킨 것으로 가정하고 실험을 진행한 결과, 에너지 교환에 대한 계산이 일치한다는 사실을 알아냈습니다. 이어서 그는 충돌 시 여러 원소들의 원자핵이 다른 원소의 핵으로 변화하거나 중성자로 변화할 때 일어나는 질량 교환을 관찰해 중성자의 질량을 정확히 측정하는 데도 성공했어요.

전하를 지니지 않아 확인하기 어려워

채드윅은 연구에 착수한 지 2년 만인 1932년에 그것이 중성자임을 증명하는 논문을 〈네이처〉와 〈왕립학회논문집〉에 발표했습니다. 그의 발견으로 원자 안에는 양전하를 띠는 양성자와 음전하를 띠는 전자뿐만 아니라 전기적으로 중성의 상태를 지닌 중성자도 있다는 사실이 처음으로 밝혀진 거죠.

러더퍼드가 중성자의 존재를 예언한 것은 1920년이었는데, 그동안 과학자들이 찾기 어려웠던 데는 이유가 있었습니다. 양성자나 전자처럼 전하를 가진 입자들은 전하 때문에 실제 크기보다 큰 것처럼 행동하는 등 확인이 비교적 쉬워요. 그에 비해 전하를 가지고 있지 않는 중성자는 어떠한 영향도 받지 않으므로 잘 확인되지 않았던 거죠.

채드윅은 1891년 10월 20일 영국 체셔의 매우 가난한 집안에서 태어났습니다. 어릴 때 맨체스터로 이사 간 후 유명 학교에 장학생으로 입학했음에도 등록금이 없어 포기했을 정도로 가난했어요. 할 수 없이 다른 학교에 입학한 그는 장학생 시험에 합격하고 맨체스터대학교에 진학해 평소 공부하고 싶었던 수학이 아닌 물리학을 전공했습니다.

거기서 교수로 만난 이가 일생의 멘토인 어니스트 러더퍼드였죠. 그는 러더퍼드의 제안으로 대학교 4학년 때 연구를 시작해 첫 논문을 발표했으며, 1913년에는 맨체스터대학에서 석사학위를 받았습니다.

이후 베타 방사선을 연구하기 위해 독일 베를린으로 갔다가 제1차 세계대전이 터지는 바람에 적국의 과학자라는 이유로 체포되어 수용소에 4년이나 수감되어 있었어요. 하지만 그는 독일 정부의 허락을 받아 그곳에 차려진 초라한 실험실에서도 연구를 이어 갈 만큼 열정적이었습니다.

전쟁이 끝난 후 함께 일하자는 러더퍼드의 제안을 받고 채드윅은 영국 케임브리지대학의 캐번디시연구소로 돌아와 박사학위를 받으며 안정적으로 연구에 몰입할 수 있었어요.

맨해튼 프로젝트 출범시킨 보고서 작성

제임스 채드윅에 의해 중성자의 존재가 드러남에 따라 원자와 분자를 쪼개는 강력한 도구를 획득하였습니다. 그뿐만 아니라 많은 원소들의 정확한 질량을 알 수 있었습니다. 또한 원자번호가 같으면서 중성자의 수가 다른 동위 원소가 존재한다는 사실도 밝혀졌어요.

원자에는 원자핵이 존재한다는 사실을 밝혀낸 이는 러더퍼드였는데, 제자인 채드윅이 중성자를 발견함에 따라 원자핵의 구조에 대해서도 제대로 알 수 있게 된 셈이죠. 스승은 이처럼 자신의 업적을 더욱 빛낸 제자가 노벨상을 받기를 원했습니다. 실제로 러더퍼드는 1935년 노벨 물리학상 선정 과정에서 채드윅이 단독 지명되도록 영향력을 행사한 것으로 전해져요.

그의 노벨상 수상 이후 오토 한과 리제 마이트너 등에 의해 중성자가 우라늄 핵을 2개로 쪼개는 핵분열 현상을 일으킬 수 있다는 사실도 밝혀졌습니다. 이로써 진정한 핵물리학의 시대가 열리게 됐는데, 제2차 세계대전이 발발하자 채드윅은 영국의 모드 위원회에 참여했어요.

원자폭탄의 개발 및 연구를 추진하던 그 위원회에서 채드윅이 작성한 보고서는 미국의 원자폭탄 개발 계획인 맨해튼 프로젝트를 출범시키는 결정적인 계기가 되었습니다. 그는 1944년에 가족들을 데리고 직접 미국으로 들어가 맨해튼 프로젝트의 영국 책임자로서 미션을 이끌었어요. 이 같은 공로로 채드윅은 1945년 영국에서 기사 작위를 받았으며, 1946년에는 미국에서 공로 훈장을 받았습니다.

노벨상 수상자들은 거액의 상금과 함께 노벨상 수여 사실이 명기된 증서, 그리고 메달을 받습니다. 금으로 만들어진 메달 앞면에는 노벨의 상반신 초상과 함께 그의 출생 및 사망 연도가 라틴어로 새겨져 있어요. 그런데 가끔씩 노벨상 메달이 경매장에 나와 팔리는 경우도 있어요. 1935년 노벨 물리학상을 수상한 제임스 채드윅의 메달은 2014년에 경매장에 나와 약 33만 달러에 팔렸습니다.

전리층을 발견한 에드워드 애플턴

장거리 무선통신의 수수께끼를 풀다

1947년 노벨 물리학상

무선전신을 개발한 업적으로 노벨 물리학상을 받은 마르코니는 전파가 둥근 지구의 대서양을 가로지른 비결에 대해 지표면을 따라 이동하기 때문이라고 생각했습니다. 그런데 진짜 이유는 20여 년이 지난 후 애플턴에 의해 밝혀졌어요. 직진하는 전파가 그처럼 멀리 이동한 비결은 과연 무엇이었을까요?

마르코니가 영국으로부터 3,570km 떨어진 캐나다까지 무선통신에 성공한 지 23년 후인 1924년 영국의 물리학자 에드워드 애플턴은 공중으로 전자기파를 발사했어요. 그 결과 전자기파의 파동을 반사하는 전리층이 지상에서 약 100km 상공에 존재한다는 사실을 알아냈습니다.

무선파를 지구로 반사시키는 층의 존재를 처음으로 예견한 이는 1902년 올리버 헤비사이드와 아서 E. 케널리였어요. 하지만 이 같은 전리층의 존재에 대한 증거는 발견되지 않았어요. 그러다 애플턴이 마일스 바넷과 함께 주파수 변조 방식으로 무선파를 반사하는 전리층이 실제로 존재한다는 사실을 알아낸 것이죠. 이 전리층에는 **헤비사이드층**이라는 이름이 붙여졌습니다. 참고로 전리층이란 태양 에너지에 의해 공기 분자가 이온화(전하적으로 중성인 분자를 양 또는 음의 전하를 가진 이온으로 만드는 조작 또는 현상. '전리'라고도 불린다)되어 자유전자가 밀집된 곳을 말합니다.

그로부터 3년 후 애플턴은 헤비사이드층보다 더 높은 지상 230km 상공에 존재하는 또 다른 반사층을 발견했어요. **애플턴층**이라고 명명된 이 전리층은 태양 에너지에 의해 공기 분자가 이온화되는 정도가 더 커서 무선파를 더 강력하게 반사합니다. 또한 밤이 되면 거의 이온화가 없어지는 헤비사이드층과 달리 공기가 희박한 애플턴층은 밤 시간에도 대부분 변화하지 않는 특성을 지니고 있어요.

현재 전리층은 고도 90km 이하의 D층과 90~160km의 E층, 그리고 고도 160km 이상인 F층의 세 영역으로 크게 구분되고 있어요. 전리층은 지상에서 발사한 전파를 흡수하거나 반사하므로 무선통신에 매우 중요한 역할을 하죠.

일부러 런던 외곽에서 연구 진행해

애플턴은 양모 제조 공장으로 유명하며 산업혁명의 중심지였던 영국 브래드퍼드에서 1892년 9월 6일에 태어났습니다. 어릴 적부터 음악과 크리켓에 유독 흥미를 보였던 그가 무선통신에 흥미를 느끼게 된 건 군에 입대하면서부터였어요. 제1차 세계대전이 일어나자 군에 입대해 공병대로 배치받았던 거죠. 거기서 무선 시스템으로 불리는 새로운 라디오 기술을 접했던 그는 전쟁이 끝나고 케임브리지로 돌아온 후 라디오 전파에 관한 연구를 시작했습니다.

1920년부터 1924년까지 캐번디시연구소에서 일한 후 1924년에는 런던대학 킹스칼리지의 물리학 교수가 되었어요. 당시 그는 런던 캠퍼스 대신 외곽에 있는 햄스테드 캠퍼스로 옮겨 연구를 진행하곤 했어요. 런던 주변에는 전파를 사용하는 사람들이 많아 그가 원하는 결과를 얻을 수 없을 때가 많았기 때문이죠.

헤비사이드층을 발견한 이후 그는 전리층에 관한 연구에 심취했습니다. 또한 그는 연구 중에 관측한 수치가 비행 중인 항공기에 의해 뒤섞이는 현상을 확인했는데, 이는 레이더 개발의 기반이 됐어요. 전리층에 반사되지 않는 레이더의 파장은 발사된 전파가 직선으로 진행한 후 목표물에 반사되어 돌아오기 때문이에요.

비행기 등의 추적에 사용되는 레이더파는 수증기의 함량이 다른 공기를 통과할 때 경로가 바뀌는데, 이로 인해 멀리 떨어진 저기압의 한랭전선과 온난전선의 추적 등 기상학에서도 중요하게 사용되고 있습니다.

전리층 탐사 위한 위성 발사

애플턴은 번개가 칠 때 생성되는 전자파에 대한 광범위한 연구를 비롯해 태양 흑점이 강력한 전파 신호를 낸다는 사실을 밝혀내기도 했어요. 애플턴은 애플턴층의 발견으로 무선통신, 무선공학을 비롯한 물리학 전반의 발달에 기여한 공로를 인정받아 1947년 노벨 물리학상을 수상했습니다.

1936년부터 케임브리지대학으로 옮겨 자연철학 교수가 된 그는 제2차 세계대전이 일어난 1939년에 과학산업청 장관을 맡아 영국 정부의 핵폭탄 개발 및 레이더 연구에 참여하기도 했어요. 영국의 기사 작위, 미국의 우수 시민상, 프랑스의 레지옹 되뇌르 훈장 등을 받은 애플턴은 1949년 에든버러대학으로 옮겨 부총장을 역임하다가 1965년 4월 21일 생을 마감했습니다.

전리층의 변화는 우주통신에 장애를 일으키거나 인간에게 민감한 자외선에도 영향을 주죠. 현대 사회에 들어서면서 많은 통신 신호를 송수신하게 되자 전리층의 변화를 보다 깊게 연구할 필요가 생겼어요. 하지만 전리층은 관측기구를 보내기엔 너무 높고 위성이 관찰하기엔 낮은 위치에 있어서 그동안 탐사하기 어려웠습니다.

이에 따라 미국 항공우주국은 지금껏 거의 이해되지 않았던 전리층 탐사를 위해 2018년에 골드(GOLD), 2019년에 아이콘(ICON)이라는 탐사위성을 발사했어요. 이 위성들이 전리층에 대한 자료를 축적하게 되면 허리케인이나 지자기폭풍 등에 대응해 지구의 상층 대기가 어떻게 변하는지도 알 수 있을 겁니다.

레이더의 등장

애플턴이 전리층의 존재를 처음 발견한 지 11년 후인 1935년 영국의 왓슨 와트 박사팀은 실험용 전파를 이용해 48km 떨어진 거리의 비행기를 포착하는 데 성공했습니다. 이것이 바로 레이더의 효시인데, 이후 레이더 기술은 제2차 세계대전을 거치면서 급속히 발전해 현재는 수백 km 밖의 야구공을 탐지할 수 있을 정도예요.

트랜지스터를 개발한 존 바딘

아날로그 세상을 디지털 세상으로 바꾸다

1956년, 1972년 노벨 물리학상

과학자 중 노벨상을 2회 수상한 이는 마리 퀴리(1903년 물리학상, 1911년 화학상)와 라이너스 폴링(1954년 화학상, 1962년 평화상), 프레더릭 생어(1958년 화학상, 1980년 화학상), 존 바딘 등 총 4명이에요. 그중 가장 어려운 분야라는 노벨 물리학상을 2회 수상한 이는 존 바딘이 유일합니다. 대체 무슨 연구를 하여 어떤 업적을 이룬 걸까요?

영국의 물리학자 오언 리처드슨은 에디슨이 백열전구를 발명할 때 발견한 에디슨 효과가 열전자 방출 때문에 일어난다는 사실을 밝혀 노벨 물리학상을 받았죠. 에디슨연구소의 고문으로 일했던 영국의 엔지니어 존 플레밍은 1904년에 에디슨 효과를 응용해 사상 최초로 진공관을 발명했습니다.

진공관이란 내부가 진공인 유리관에 음극과 양극의 두 전극을 설치해 전류가 흐르도록 만든 장치를 말해요. 2년 후인 1906년에는 미국의 엔지니어 포레스트가 음극과 양극 사이에 그리드를 추가해 극이 3개인 3극 진공관을 만들었습니다. 플레밍이 만든 2극 진공관은 다이오드, 포레스트가 만든 3극 진공관은 트라이오드라고 불러요.

처음에 라디오 수신기용으로 개발된 진공관은 장거리 전화선에서 증폭기로도 사용되었어요. 전화 회사인 미국의 벨연구소는 여성 교환원을 두고 통화 서비스를 하다가 인건비가 자꾸 오르자 자동식 교환기를 도입했습니다. 그런데 주요 부품인 진공관의 고장이 잦았을뿐더러 통화량이 폭증해 진공관을 대체할 새로운 부품이 필요했어요.

따라서 벨연구소에서는 진공관을 대체하는 새로운 소자를 개발하기 위한 프로젝트팀을 1940년대 중반에 구성했습니다. 이 프로젝트팀의 리더는 1936년부터 벨연구소에 근무한 물리학자 윌리엄 쇼클리였어요. 그가 새로운 소자의 구조를 제안하면 실험 물리의 대가인 월터 브래튼이 소자를 제작하는 식으로 연구가 이루어졌죠. 소자란 장치나 전자회로 등의 구성 요소가 되는 부품으로서 독립된 고유의 기능을 지닌 것을 말해요.

연구 실패의 원인을 밝혀낸 신입 과학자

그런데 월터 브래튼이 제작한 소자들은 제대로 동작하지 않았으며, 쇼클리도 그 이유를 찾지 못해 고민에 빠졌어요. 이를 해결한 과학자가 바로 벨연구소에 새로 들어온 존 바딘이었습니다.

존 바딘은 소자가 작동하지 않은 이유가 고체 표면에 존재하는 계면 상태로 인해 전기장이 내부로 침투하지 못하기 때문이라는 걸 밝혀냈어요. 그의 원인 분석으로 프로젝트팀은 새로운 소자의 개발에 한 걸음 더 다가가게 되었습니다.

1947년 12월 23일, 벨연구소의 프로젝트팀은 게르마늄과 금박지 조각, 삼각형 모양의 플라스틱 장치, 서류 정리용 클립 등으로 만든 물건에 대고 마이크로 말을 하는 실험을 진행했어요. 그러자 입력된 소리보다 100배나 더 큰 소리가 헤드셋 속에서 울려 퍼졌습니다. 그토록 소망하던 새로운 소자의 개발에 성공하는 순간이었죠.

벨연구소는 내부 투표까지 진행한 끝에 이 획기적인 소자에 **트랜지스터**라는 이름을 붙였습니다. 전도성(Transfer)과 배리스터(Varistor : Variable Resistor, 반도체 저항 소자)의 합성어였죠. 즉, 전도성을 지니면서도 저항의 역할을 하는 소자라는 의미였어요.

부피가 크고 발열이 심하며 쉽게 깨지는 단점을 지닌 진공관의 대체 소자로 개발된 트랜지스터는 오직 차가운 고체 물질로만 이뤄져 진공 상태나 필라멘트, 그리고 유리관이 필요하지 않았습니다.

라디오에 사용되면서 주목받기 시작한 트랜지스터는 이후 컴퓨터, TV, 자동차, 휴대전화, 디지털카메라, MP3, 항공기, 위성 등에 사용되면서 전자산업혁명을 이끌었어요. 트랜지스터가 아날로 그 세상을 디지털 세상으로 변화시킨 셈이죠. 이 업적으로 존 바딘과 윌리엄 쇼클리, 월터 브래튼은 1956년 노벨 물리학상의 주인공이 되었습니다.

여러 종류의 트랜지스터.

하지만 존 바딘은 트랜지스터를 개발한 후 쇼클리와 불편한 관계가 되어 일리노이대학의 물리학과 교수로 자리를 옮겼어요. 쇼클리는 카리스마가 있는 리더형 천재였으나 괴팍하고 독선적이어서 주위 사람들과의 관계가 그리 좋지 못했죠.

트랜지스터 발명을 기념하는 벨연구소의 홍보 사진. 왼쪽부터 존 바딘, 윌리엄 쇼클리, 월터 브래튼(1948년).

유일한 노벨 물리학상 2회 수상자

일리노이대학으로 옮겨 간 후 존 바딘은 그동안 관심을 가졌던 초전도 현상에 관한 연구를 본격적으로 시작했습니다. 초전도 현상은 1911년 네덜란드의 물리학자 카멜린 오네스가 절대온도 4.2K(영하 268.95℃)로 냉각된 수은에서 처음 발견했어요.

초전도 현상이란 특정 물질이 일정 온도에서 전기 저항이 거의 0에 가까워져 전류를 무제한 흘려보내는 현상을 말하며, 이런 특징을 가진 물질을 초전도체라고 해요. 그러나 아무도 초전도 현상이 왜 일어나는지는 규명하지 못하고 있었습니다.

존 바딘은 수학 박사인 리언 쿠퍼, 그리고 대학원 박사과정 학생인 존 로버트 슈리퍼와 함께 초전도 현상의 이론을 규명하는 작업에 도전했어요. 그리고 마침내 일리노이대학에 부임한 지 6년 만인 1957년에 '초전도성 이론'이라는 논문을 발표함으로써 초전도 현상의 설명에 성공합니다.

초전도체 내에서는 2개의 전자가 쌍을 이루어 쿠퍼쌍을 형성하는데, 전자와 포논(결정격자의 양자화된 진동) 사이의 상호작용에 의해 매개됩니다. 이 같은 쿠퍼쌍은 저항 없이 전류를 운반할 수 있어 초전도 현상을 일으킵니다. 이 이론은 바딘과 쿠퍼, 슈리퍼의 첫 알파벳을 따서 **BCS 이론**으로 불려요.

초전도 현상의 원리를 양자역학의 관점에서 설명한 **BCS 이론**은 "응집물질물리학의 경우 BCS 이전과 이후로 나뉜다"는 말이 나돌 만큼 기념비적인 업적으로 알려져 있습니다. 초전도체는 까다로운 조건 때문에 실용화에 어려움이 있지만, 어쨌든 그들의 연구 성과 덕분에 자기부상열차, MRI, 초고집적회로, 레이더 등 우리 생활 곳곳에 초전도체가 사용되고 있죠. BCS 이론은 저온 초전도체의 특성을 잘 설명하지만, 고온 초전도체에 대해서는 완전히 설명하지 못합니다.

존 바딘은 이 연구 업적으로 쿠퍼, 슈리퍼와 함께 1972년에 노벨 물리학상을 다시 한번 수상했어요. 이로써 존 바딘은 동일 분야에서 노벨상을 2회 수상한 최초의 인물이 되었습니다.

최초의 반도체, 트랜지스터

진공관이 발명된 지 43년 만에 존 바딘이 포함된 벨연구소의 프로젝트팀이 만든 트랜지스터는 세계 최초의 반도체입니다. 반도체의 사전적 의미는 상온에서 전기 전도율이 도체와 절연체의 중간 정도인 물질을 일컫지만, 보통 반도체라고 하면 트랜지스터나 트랜지스터를 집적한 집적회로(IC)를 가리키는 경우가 대부분이에요.

펄서를 발견한 앤터니 휴이시

외계에서 온 수상한 신호의 정체는?

1974년 노벨 물리학상

1967년 7월 영국 케임브리지대학의 앤터니 휴이시 연구팀은 새로 만든 전파망원경의 데이터를 분석하던 중 이상한 현상을 하나 발견했습니다. 마치 외계 문명이 지구인들에게 자신의 존재를 알리는 듯한 규칙적인 신호가 섞여 있었던 거죠. 그 신호의 정체는 과연 무엇이었을까요?

당시 쌍극 안테나를 도입해 전파망원경을 설치한 앤터니 휴이시 연구팀은 태양 코로나가 외계로부터 방출되는 전파에 미치는 영향을 조사하기 위해 본격적인 연구에 착수했어요. 그런데 스물네 살의 대학원생 조슬린 벨은 그래프와 같은 형식으로 출력되는 데이터 중에서 기묘한 꺾임이 나타나는 현상을 발견했습니다.

처음엔 전자기적인 잡음일 것으로 생각하고 대수롭지 않게 넘겼어요. 그런데 몇 개월 후 조슬린 벨과 지도교수인 앤터니 휴이시는 그 기묘한 꺾임에 규칙이 있다는 사실을 알아차렸습니다. 그 신호는 황소자리에 있는 초신성 잔해인 게성운에서 약 1.337302088초마다 반복하여 0.04초가량의 펄스(매우 짧은 시간 동안에 큰 진폭을 내는 전압이나 전류 또는 파동)를 방출하고 있었던 거죠.

머나먼 우주에서 규칙적인 신호가 온다는 것은 외계 문명일 수도 있다는 의미이죠. 이 때문에 그들은 농담조로 가상의 그 외계 문명에 '리틀 그린맨-1(Little Green Men-1)'이라는 애칭을 붙였습니다.

하지만 얼마 지나지 않아 조슬린 벨은 3개의 리틀 그린맨을 더 찾아냈어요. 우주의 다른 구역에도 그런 신호를 보내오는 천체가 있다는 의미였죠. 다음 해인 1968년 2월 앤터니 휴이시 연구팀은 〈네이처〉에 자신들이 발견한 연구 성과를 발표했습니다.

천체물리학에 혁명을 가져온 그 획기적인 발견은 바로 **펄서(맥동전파원)**였어요. 펄서란 짧고 규칙적인 펄스 상태의 전파를 일정 주기로 방사하는 천체입니다. 그들은 자신들이 발견한 최초의 펄서에 'CP 1919'라는 이름을 붙였어요.

각설탕 하나 무게가 10억 톤에 달해

1969년에는 게성운에서 발견한 펄서가 중성자별임이 밝혀졌습니다. 중성자별이란 보통의 항성이 초신성으로 폭발한 후 중심핵이 내부로 붕괴하면서 압축돼 성분이 모두 중성자만으로 이루어진

펄서의 개념도. 중앙에 있는 구체는 중성자별을 뜻하며, 주변의 곡선은 자기장의 선을, 중성자별을 관통하고 있는 푸른 광선은 방출된 전자기파 빔을 의미한다.

천체예요.

맞아요. 제임스 채드윅이 발견한, 전기적으로 중성의 상태를 지닌 원자핵 안의 중성 입자가 바로 중성자입니다. 만약 원자가 축구장만 하다고 가정하면, 그 한복판에 있는 골프공 크기의 원자핵 속에 같은 개수의 양성자와 중성자가 들어 있어요. 그리고 좁쌀만 한 크기의 전자가 축구장 가장자리에서 가운데에 놓인 골프공을 공전하고 있는 모습이 원자의 형태예요.

즉, 원자핵인 골프공과 좁쌀 크기의 전자를 빼면 나머지 축구장 전체는 텅텅 빈 공간인 거죠. 그런데 초신성 폭발로 원자 속의 양성자와 전자가 합쳐져서 중성자가 되면 텅텅 빈 공간을 모두 잃게 되어 부피가 엄청나게 줄어들겠죠.

만약 지름이 약 140만 km인 태양이 중성자별로 변하면 지름이 20km도 채 되지 않는 조그만 별로 줄어들 겁니다. 따라서 중성자별은 밀도가 엄청나게 높아 각설탕 하나 크기의 조각을 지구로 옮기면 무게가 약 10억 톤에 이를 것으로 추정하고 있어요. 지구에 사는 80억 인류 전체의 몸무게가 약 3억 9,000만 톤이고 모든 가축의 총무게가 약 6억 3,000만 톤이라고 하니 각설탕 하나가 인류와 가축을 모두 합친 것만큼 무거운 셈이죠.

미국 항공우주국은 우리은하에만 무려 10억 개의 중성자별이 있을 것으로 추정합니다. 중성자별 중에서 강력한 전자기파와 자기장을 내뿜는 천체가 펄서예요. 워낙 빨리 회전하며 양쪽 자극 방향으로 전자기파 빔을 방출하므로 먼 곳에서 보면 규칙적인 전파 신호가 깜빡이는 것처럼 관측되는 거죠.

빅뱅의 비밀을 품은 중력파

펄서 중에서 자전 주기가 30밀리초 미만인 초고속 펄서를 **밀리초 펄서**라고 하는데, 여기서 방출되는 신호는 원자시계만큼이나 일정합니다. 이 때문에 밀리초 펄서를 '우주 시계'라고 부르기도 해요.

하지만 이들과 달리 맥동(펄서에서 관측되는 전자기파의 방출) 주기가 불규칙한 펄서도 있습니다. 또 다른 중성자별과 쌍을 이루어 공전하기 때문인데, 이런 것을 **이중 펄서**라고 해요. 이중 펄서를 연구하면 아인슈타인이 일반 상대성 이론에서 예측한 중력파의 존재를 확인할 수 있습니다.

중력파는 질량을 지닌 물체가 가속운동을 할 때 생기는 중력 변화가 시공간을 뻗어 나가며 물결처럼 출렁이는 것을 의미해요. 중력파는 빅뱅 당시의 정보를 고스란히 담고 있을 것으로 추정되므로 매우 중요합니다. 빅뱅 때 발생한 전자기파의 경우 그동안 다른 물질과의 상호작용으로 정보가 많이 사라졌지만, 중력파는 상대적으로 상호작용이 약하므로 빅뱅의 비밀을 풀 수 있을 것으로 기대하는 거죠.

또한 펄서의 발견은 극단적인 물리적 조건에서의 물질을 연구하는 새로운 방법을 제시했다는 점에서 과학적으로 대단히 의미가 큽니다. 앤터니 휴이시는 이 같은 업적을 인정받아 스승이자 연구 동료인 마틴 라일과 함께 1974년 노벨 물리학상을 받았어요.

펄서를 찾아낸 쌍극 안테나는 마틴 라일과 앤터니 휴이시가 함께 디자인한 것이며, 마틴 라일은 거대한 안테나를 만드는 대신 여러 개의 작은 안테나들의 신호를 조합하는 방법을 창안하는 등 전파망원경의 개발에 지대한 공헌을 했기 때문입니다.

벨이 없는 No Bell 상?

앤터니 휴이시와 마틴 라일이 노벨상 수상자로 선정되었다는 소식이 알려지자 천문학계에서는 큰 논란이 일었습니다. 펄서를 최초로 발견한 조슬린 벨이 공동 수상자 명단에서 제외되었다는 게 그 이유였죠. 이로 인해 노벨상을 '벨이 없는(No Bell) 상'이라고 빈정대는 이들까지 생겨났어요. 여기서 벨이란 조슬린 벨을 말하는 거죠.

조슬린 벨이 노벨상을 받지 못한 것은 <네이처>에 발표된 논문의 저자 명단에 앤터니 휴이시에 이어 두 번째 저자로 올라갔으며, 당시 박사학위를 준비 중인 대학원생이었고 여성이라는 점 등이 불리한 요소로 작용했기 때문이라고 합니다.

힉스 입자를 예견한 피터 힉스

48년 만에 정체를 드러낸 '신의 입자'

2013년 노벨 물리학상

영국 에든버러대학의 피터 힉스 교수는 35세 때인 1964년에 새로운 입자의 존재를 예견한 논문을 발표했습니다. 그런데 그가 그 논문으로 노벨상을 받은 건 84세 때인 2013년이었어요. 도대체 그가 예견한 입자의 정체가 무엇이었기에 이처럼 노벨상 수상이 늦어졌던 걸까요?

원자를 구성하는 소립자인 전자, 양성자, 중성자는 19세기 말에서 20세기 초반에 걸쳐서 차례대로 발견되었습니다. 그 밖에도 물리학자들은 다양한 소립자를 발견해 총 12개의 기본 입자를 모두 찾아냈어요.

또한 세상에는 네 가지 힘이 있다는 사실도 밝혀냈어요. 질량을 지닌 물질이 서로 끌어당기는 힘인 **만유인력**과 전하에 의해 생기는 **전자기력**, 원자핵을 만드는 **강한 핵력**, 그리고 방사성 붕괴를 지배하는 **약한 핵력**이 바로 그것이죠.

과학자들은 이 세상이 물질을 이루는 12개 기본 입자와 우주의 네 가지 기본 힘을 전달하는 매개 입자 4개(광자, 글루온 등)로 이루어졌다고 생각했어요. 그것이 바로 입자물리학의 가장 성공적인 이론인 '표준 모형'이에요.

그런데 16개 입자가 발견되었지만, 끝까지 발견되지 않아 입자물리학자들의 속을 태운 입자가 있습니다. 약 137억 년 전 우주의 탄생 순간인 **빅뱅(대폭발)** 직후 모든 입자에 질량을 부여하고 사라진 것으로 추정되는 입자가 바로 그것이었어요.

이 입자의 존재를 처음 예견한 것은 1964년 8월에 발표된 두 편의 논문 주인공들인 프랑수아 앙글레르와 로버트 브라우트였어요. 그들은 새로운 특정 입자가 존재해야만 자연계를 이루는 기본 입자에 질량이 생길 수 있다는 연구 논문을 발표했습니다.

그 논문이 발표된 직후 피터 힉스는 빅뱅 후 그 새로운 특정 입자들로 형성된 장(場)이 기본 입자들과 상호작용을 함으로써 저마다 다른 질량을 갖게 되었다는 내용의 논문을 유럽입자물리연구소(CERN)에 넘겼습니다. 그런데 CERN의 학술지 편집자는 '물리학과 명확한 연관성이 없다'는 이유를 들어 논문의 게재를 거절해 버렸어요. 결국 피터 힉스는 그해 9월 미국물리학회의 학술지인 〈피지컬 리뷰 레터스〉에 그 논문을 발표할 수 있었어요.

피터 힉스와 이휘소 박사의 인연

그로부터 48년이 흐른 후인 지난 2012년 7월, CERN은 피터 힉스와 프랑수아 앙글레르 등의 노(老)과학자들을 초청했어요. 앙글레르와 함께 논문을 발표했던 로버트 브라우트는 이미 고인이 된 바람에 그 자리에 참석하지 못했습니다.

CERN이 그들을 초청한 건 힉스 교수의 발표와 일치하는 새 입자를 발견했기 때문입니다. 해당 입자가 진짜일 가능성은 99.999994%에 이르렀어요.

이듬해인 2013년 3월에는 유럽원자핵공동연구소가 **힉스 입자**라고 공식 확인했으며, 그해 10월 4일에는 일본 도쿄대학과 고에너지가속기연구기구 등의 국제연구팀이 힉스 입자의 질량과 스핀 값 분석을 통해 힉스 입자의 발견을 확정했습니다. 힉스 입자의 존재를 확인했다는 것은 표준 모형 이론의 완성을 뜻하기도 했어요.

그로부터 불과 4일 후인 10월 8일 노벨 위원회는 피터 힉스와 프랑수아 앙글레르가 2013년 노벨 물리학상 수상자로 선정됐다고 발표했답니다. 그들이 노벨상을 받기까지 최소 몇 년의 시간이 더 걸리리라는 예상을 깬 이례적인 발표였죠.

피터 힉스는 노벨상 수상자들의 대중 강연인 노벨 강연을 하기 위해 2013년 12월 8일 스웨덴 스톡홀름대학의 강연장 단상에 올라갔습니다. 그 자리에서 그는 힉스 입자의 존재를 예측하는 데 도움을 준 사람들의 이름과 에피소드를 소개했는데, 그중에는 우리에게 익숙한 이름도 한 명 포함되어 있었어요. 바로 한국계 미국인 이론물리학자인 이휘소 박사였죠.

힉스 교수는 1961년부터 힉스 입자에 대한 아이디어를 가지고 있었지만 망설였어요. 그러던 어느 날 이휘소 박사와 그의 스승인 클라인 교수가 입자에 대해 새로운 해석을 한 것을 보고 논문을 쓰게 되었다는 에피소드를 소개한 거였어요.

'빌어먹을 입자'에서 '신의 입자'가 된 사연

사실 이휘소 박사는 그 소립자에 힉스라는 명칭을 붙인 장본인이기도 합니다. 힉스 입자의 존재를 처음 예측한 이는 피터 힉스 외에도 5명의 물리학자가 더 있었어요. 그런데 1967년에 이휘소 박사는 피터 힉스와 미지의 입자에 관해 이야기를 나눈 후 1972년에 열린 고에너지물리학회에서 '힉스 입자에 미치는 강한 핵력의 영향'이라는 논문을 발표했어요. 이는 학회에서 처음 힉스 입자라고 명명한 논문으로서, 그 후 이 명칭이 굳어진 것입니다.

한편 중성미자(약한 핵력과 중력에만 반응하는 아주 작은 질량을 가진 기본 입자)의 정체를 밝힌 업적으로 1988년 노벨 물리학상을 받은 미국의 물리학자 리언 레더먼은 1993년에 출간한 저서에서 힉스 입자를 '빌어먹을(Goddamn) 입자'라고 표현했습니다. 그만큼 관찰할 수 없고 실험으로도 측정이 어렵다는 뜻에서였죠. 그런데 출판사 편집자가 언어 순화를 위해 'Goddamn'에서 'damn'을 빼기로 권유해서 결국 '신(God)의 입자'로 정정했고, 그 말은 힉스 입자의 애칭으로 불리게 되었어요.

피터 힉스가 물리학자의 꿈을 가지게 된 건 반물질의 아버지로 알려진 폴 디랙 때문이었습니다. 청소년기에 피터 힉스는 코담 스쿨(Cotham School)이란 학교에 다녔는데, 폴 디랙이 바로 그 학교 출신이었던 거죠.

힉스 입자의 발견으로 우주 역사를 이해할 수 있게 됐다는 찬사를 받았음에도 피터 힉스는 겸손한 과학자로서의 평소 태도를 그대로 지켰습니다. 노벨상 수상자 발표 직전, 그는 언론의 취재 요청을 피해 휴대전화를 꺼 놓은 채 잠적했어요. 앞서 1999년에는 영국 정부로부터 기사 작위를 제안받았으나, 그런 종류의 타이틀은 원하지 않는다며 거절해 화제가 되기도 했답니다.

인류 역사상 가장 거대한 실험 장치

왜 힉스 입자를 발견하기 어려웠을까요? 우주가 탄생하던 빅뱅 당시 힉스 입자가 다른 입자에 질량을 부여한 후 순식간에 사라졌기 때문입니다. 따라서 힉스 입자를 확인하기 위해서는 빅뱅과 같은 조건을 재현하는 실험 장치를 만들어야 해요. 이렇게 해서 탄생한 것이 인류 역사상 가장 거대한 실험 장치로 불리는 CERN의 거대 강입자가속기(LHC)예요. 스위스와 프랑스 국경의 지하 175m 밑에 설치된 이 가속기는 둘레가 무려 27km에 달합니다.

PART 2

노벨도 깜짝 놀랄 화학 이야기

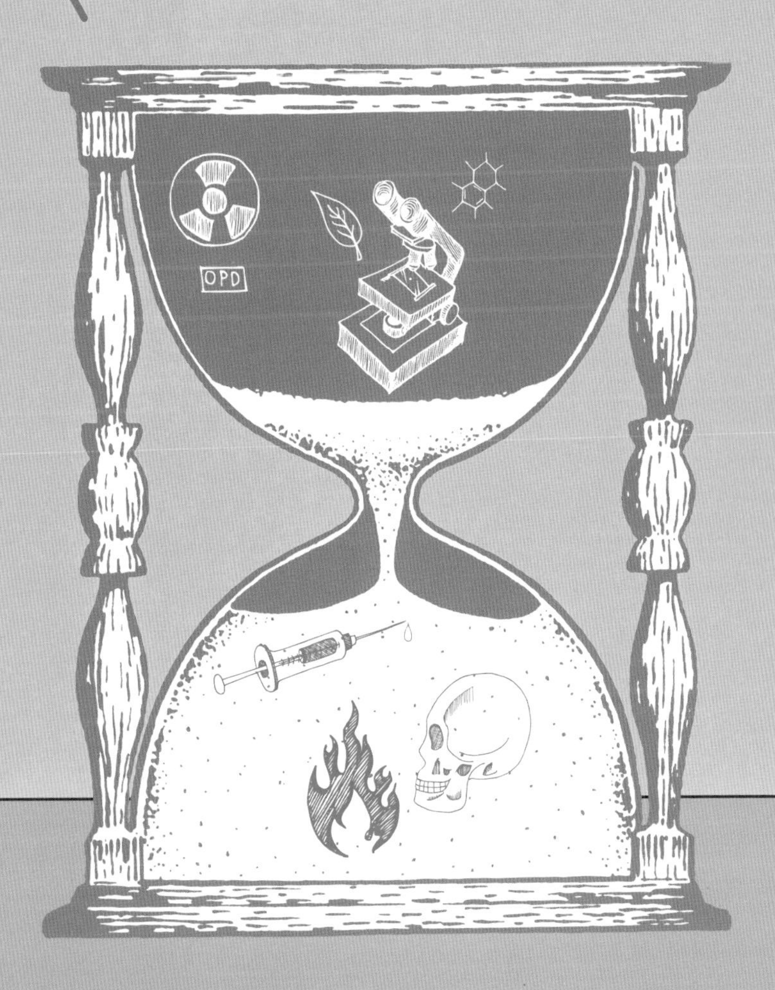

전리설을 주장한 스반테 아레니우스

기후변화가 인류에게 축복이라고?

1903년 노벨 화학상

지구의 기온 상승이 이산화탄소 농도 증가로 인한 온실 효과 때문이라는 사실을 처음 밝힌 사람은 스웨덴의 과학자 스반테 아레니우스입니다. 그가 기후변화에 대한 최초의 논문을 발표하였을 때는 19세기 후반인 1896년이었죠. 그런데 그는 기후변화가 인류에게 축복일 거라 생각했어요. 왜 그렇게 생각한 것일까요?

아레니우스가 기후변화에 관심을 갖게 된 계기는 빙하기에 지구가 어떻게 냉각되었으며 또 어떻게 다시 따뜻해졌을까에 대한 호기심 때문이었습니다. 아레니우스는 그러한 의문을 풀기 위해 많은 연구를 하던 중 지난 35만 년 동안의 남극 온도와 이산화탄소의 함량 사이에 놀라운 만큼 밀접한 관계가 있다는 사실을 알아냈어요. 빙하기에는 이산화탄소의 함량이 적었고, 따뜻한 시기에는 이산화탄소 함량이 많았던 거였죠.

그는 수학적 계산 끝에 이산화탄소 농도가 2배 상승하면 지구 온도는 5~6℃ 상승하게 된다는 내용의 논문을 1896년 스톡홀름 물리학회에 기고했습니다. 이 논문은 기후변화에 대한 최초의 과학 논문이자 이산화탄소를 최초로 정량화한 논문이었어요. 또한 그는 지구를 온실에 비유함으로써 최초로 **온실가스**라는 단어를 사용한 사람이기도 해요.

현대 기상학자들조차 그처럼 복잡한 분석을 하기 위해선 슈퍼컴퓨터를 사용하는 모델링이 필요합니다. 그러나 아레니우스는 그 작업을 노트와 연필만 가지고 혼자서 해낸 거죠. 그럼에도 그는 이산화탄소의 농도 증가 폭과 온도 상승의 상관 수치 등을 놀라우리만치 정확하게 예측했어요.

하지만 아레니우스의 주장은 당시 주류 과학자들에게 배척당하고 맙니다. 그들은 이산화탄소가 증가할지라도 지구 전체 표면의 70%를 차지하는 거대한 대양이 흡수할 것이라고 믿었기 때문이죠. 그런데 정작 아레니우스에게 노벨상을 안긴 연구는 이와 전혀 관련 없는 '전리설'이었습니다.

주류 과학자들에게 배척당한 논문

어릴 적부터 신동이라는 소리를 들을 만큼 산술 계산에 소질을 보였던 아레니우스는 웁살라대학에서 물리학을 전공한 후 박사학위 논문을 위해 화학과의 클레베 교수 밑으로 들어갔습니다. 그러다 스톡홀름의 과학아카데미에서 독자적인 연구를 할 기회가 생겨

전해질에 관한 연구를 시작했어요.

전해질이란 물 따위의 용매에 녹아서 음양의 이온이 생기는 물질을 말합니다. 예를 들면 순수한 소금과 순수한 물은 전기를 통과시키지 않는 부도체이지만, 소금(염화나트륨)을 물에 녹이면 나트륨은 양이온이 되고 염소는 음이온이 되어 전기가 통하게 됩니다. 따라서 소금을 녹인 전해질 속에 전극을 넣으면 나트륨 이온은 음극으로 끌려가고, 염소 이온은 양극으로 끌려가게 되죠.

아레니우스는 전해질이 물에 용해될 때 전기적으로 반대되는 양극과 음극 이온으로 나뉘거나 분리되는 정도가 다양하다는 연구 결과를 1884년 박사학위 논문으로 제출했습니다. 당시 과학자들은 전해질의 이온이 전류가 흐를 때만 생성된다고 생각했지만, 아레니우스는 용액에 전류를 통과시키기 전에도 전해질 용액에 이미 이온이 존재한다고 주장했어요.

전기 해리 이론 혹은 **전리설**로 불리는 그의 연구 결과는 이온화설의 기초를 이루는 획기적인 업적이었습니다. 그러나 당시 심사위원들은 가장 낮은 등급으로 그의 박사학위 논문을 통과시켰어요. 그의 주장이 이단에 가깝다고 생각했기 때문이죠. 특히 박사학위 논문의 최초 지도교수였던 클레베의 반대가 심했습니다.

하지만 그의 논문을 접한 러시아 리가공업대학의 오스트발트 교수는 직접 웁살라대학을 방문할 만큼 아레니우스의 업적을 극

찬했습니다. 이후 삼투압을 연구하던 네덜란드의 반트호프 등의 지지를 얻으면서 아레니우스의 전리설은 한층 더 빛을 발하게 됩니다.

다양한 과학적 주제에 관심 가져

그의 전리설은 산-염기 개념에 획기적인 신전을 이루었을 뿐만 아니라 전기도금법을 비롯해 오늘날 화학 및 이온화학 분야에서 널리 적용되고 있습니다. 아레니우스는 1903년 노벨 화학상 후보에 올랐는데, 공교롭게도 그의 스승인 클레베가 노벨 화학상위원회의 위원장으로 선정되었어요. 하지만 처음과 달리 클레베는 그의 노벨상 수상을 지지했으며, 결국 그는 스웨덴인 최초의 노벨상 수상자가 될 수 있었습니다.

아레니우스는 자신이 확립한 물리화학 분야 외의 과학적 주제에도 다양한 관심을 보였습니다. 오로라의 기원에 대한 가설, 화산 활동의 원인에 대한 분석, 면역 작용의 화학적 탐구 등이 바로 그것이에요. 또한 그는 **범종설**(汎種設, panspermia hypothesis)이란 가설을 최초로 내놓기도 했습니다. 범종이란 '두루 존재하는 씨앗'이란 뜻으로, 우주에서 떠돌던 미생물을 씨앗으로 삼아 지구에 최초의 생명체가 탄생했다는 주장이에요.

그런데 기후변화에 대한 최초의 과학 논문을 남긴 아레니우스는 정작 온실 효과가 인류에게 축복이라고 생각했습니다. 기온이 상승하면 인류의 생활 반경이 그만큼 더 넓어지고 먹을거리도 풍성해지리라 추측했기 때문이죠.

지구온난화에 대한 아레니우스의 그 같은 낙관론에는 이유가 있었어요. 그는 현저한 기후변화가 나타나기까지는 적어도 1,000년 이상의 시간이 필요할 것이라고 봤기 때문입니다. 당시의 관점에서 정밀한 계산을 추구했던 그조차도 지금과 같은 화석연료 사용량의 급증을 미처 예상하지 못했던 겁니다.

호환 마마보다 무서운 기후변화

지구의 기온이 상승하면 오염 물질 및 감염병 등이 증가하면서 건강을 잃고 사망하는 사람들이 늘어나게 됩니다. 영국의 의학전문지 <랜싯>은 2030년부터 전 세계에서 매년 25만 명이 기후변화 탓에 사망할 것이라는 보고서를 내놓았습니다.

또한 지구온난화는 인류에게 새로운 감염병을 발생시킬 수도 있어요. 영구동토층 밑에 얼어붙어 있는 고대 미생물이 깨어날 수 있기 때문이죠. 실제로 2014년 캐나다 북부의 영구동토층에서 발견된 700년 전의 순록 배설물에서 미지의 바이러스가 검출된 적이 있습니다. 정체를 알 수 없는 바이러스가 다시 깨어나게 되면 페스트나 스페인 독감 같은 대재앙이 재현될 수도 있답니다.

불소 원소를 분리한 앙리 무아상

멘델레예프를 한 표 차이로 이긴 과학 업적은?

1906년 노벨 화학상

멘델레예프는 현대 화학의 발전을 견인한 원소주기율표를 만든 업적을 인정받아 1906년 노벨 화학상 후보에 오릅니다. 그런데 그는 단 한 표 차이로 밀려 노벨상을 프랑스의 앙리 무아상에게 내주고 말았습니다. 주기율표의 아버지를 이긴 앙리 무아상의 업적은 무엇일까요?

1966년 4.0이었던 미국 12세 어린이의 충치 지수는 1994년에 1.3으로 감소했습니다. 바로 수돗물에 첨가한 불소 덕분이었죠. 미국은 1945년부터 낮은 농도의 불소 화합물을 상수원에 첨가하는 캠페인을 진행했는데 이후 충치 지수가 지속적으로 감소했습니다. 불소는 입속에 있는 세균의 증식을 억제함으로써 충치를 예방하는 데 효과적이기 때문이에요.

불소는 자연에서 비교적 흔한 원소입니다. 지각에는 약 250~750ppm, 바닷물에는 1.2~1.5ppm의 농도로 존재하며, 우리 몸속에도 3~6g의 불소가 존재하죠. 특히 뼈에는 200~1,200ppm의 농도로 불소가 함유되어 있어요.

그런데 불소는 자연 상태에서 광석 등의 화합물 형태로만 존재할 뿐 순수한 원소로는 만날 수 없었습니다. 이에 따라 많은 화학자가 순수한 불소 원소를 분리하기 위해 도전했어요. 19세기 화학자 앙페르와 험프리 데이비도 그들 중 하나였습니다. 하지만 데이비는 그 과정에서 눈과 손가락을 다쳤으며 앙페르 역시 몸이 상하고 말았어요.

심지어 실험하다 목숨을 잃는 화학자들까지 나왔어요. 그들을 가리켜 '불소 순교자'라고 불렀습니다. 그만큼 불소를 분리하기가 어려웠던 것이죠. 거기엔 이유가 있었습니다. 불소는 물을 분해할 정도의 엄청난 에너지를 갖고 있기 때문입니다. 또한 불소는 워낙 반응성이 커서 자유 상태로 존재하기 어렵기 때문에 금속 이온이나 양이온과 즉시 반응하여 안정적인 화합물(염) 형태로 변합니다.

사실 불소는 매우 위험한 원소입니다. 따라서 불소가 충치에 효과가 있기는 하지만, 일각에서는 기준치를 넘으면 인체에 해로울 수 있다며 수돗물에 불소 첨가를 반대하기도 합니다.

'불소 순교'를 끝낸 화학자

이들의 실패에서 힌트를 얻은 프랑스의 화학자 앙리 무아상은 1886년에 불소를 분리하는 데 성공했습니다. 그는 무수플루오르

1886년 앙리 무아상이 불소를 분리하고 있는 모습. 그림 ©Paul Fouché.

화수소산에 플루오린화칼리를 용해하고 영하 23℃로 냉각한 U자형 백금 용기를 활용해 혼합물에서 순수한 불소(플루오린) 원소를 분리해 냈습니다.

사실 앙리 무아상이 불소 분리를 연구한 궁극적인 이유는 가장 값지면서도 완벽한 광석인 다이아몬드를 인공적으로 합성하는 데 있었죠. 이를 위해 그는 불소의 분리에 성공한 후 3,500℃의 온도에 이르는 전기로를 설계하고 개발했습니다.

앙리 무아상은 전기로를 이용해 탄화칼슘과 여러 종류의 탄화물을 순수한 결정 형태로 얻었으며, 그때까지 분말 형태로만 가능했던 텅스텐, 티타늄 등의 금속을 순수한 덩어리로 얻을 수 있었어요. 이 전기로는 이후 화학에서 유력한 수단이 되었으므로 그는 **고온화학의 건설자**로 불리기도 합니다.

1892년에 앙리 무아상은 녹은 철의 압력으로 숯과 같은 형태의 탄소를 결정화함으로써 인공 다이아몬드를 만들 수 있다는 이론을 세워요. 그리고 이듬해에 드디어 전기로를 사용해 탄소에서 인공 다이아몬드를 합성합니다.

하지만 이것이 다이아몬드인지는 논쟁거리로 남아 있습니다. 일설에 의하면 그의 제자가 실현되지도 않는 실험에 매달리는 스승을 안타까워해 몰래 다이아몬드를 구해서 넣었고, 그는 죽을 때까지 그 사실을 몰랐던 것으로 전해집니다. 제자가 아니라 그의 아내가 몰래 자신의 다이아몬드 반지를 넣었다는 설도 있어요.

어쨌든 앙리 무아상은 불소인 플루오린을 분리하고 전기로를 개발해 과학적 연구 및 산업 활동에 새로운 분야를 개척한 공로를 인정받아 1906년 노벨 화학상을 수상합니다. 그런데 바로 그해 앙리 무아상과 함께 유력한 후보로 지명돼 노벨 화학상을 놓고 다툰 이는 **원소주기율표**를 발견한 드미트리 멘델레예프였습니다.

끝내 노벨상을 받지 못한 멘델레예프

멘델레예프는 당시까지 발견된 63개의 원소들을 모두 배열했으며, 게다가 아직까지 발견되지 않은 원소들도 언젠가는 발견될 원소라며 그 위치까지 지정해 칸을 비워 두었어요. 미발견 원소들의 원자량과 여러 특성 등을 예측한 것이죠.

멘델레예프의 발견이 대단한 이유는 당시만 해도 원소를 구성하는 원자가 실제로 존재하는지 몰랐을뿐더러 그 구조를 전혀 알 수 없었다는 데 있어요. 게다가 인공적으로 만든 원소가 아닌 자연 상태 원소조차 29개나 발견되지 않았던 당시 상황에서 정확한 원소주기율표를 만들었다는 것은 놀라운 일입니다. 그러나 단 한 표 차이로 앙리 무아상이 노벨상을 받게 되었죠. 그런데 여기에 보이지 않는 손이 개입했다는 소문이 떠돌았어요. 당시 노벨 위원회는 멘델레예프를 수상자로 지목했으나, 스웨덴 왕립과학아카데미의 스반테 아레니우스가 적극 반대해 앙리 무아상이 받게 되었다는 것이죠.

전해질 해리 이론으로 1903년에 노벨 화학상을 받은 스반테 아레니우스가 반대한 이유는 예전에 멘델레예프가 자신의 이론을 비난했기 때문으로 알려졌습니다.

화학계의 대위업을 이룬 멘델레예프에게 다음 기회란 없었습니다. 무아상이 노벨상을 받은 지 2개월 만인 1907년 2월 2일에 독감에 걸려 72세의 나이로 세상을 떠났기 때문이죠. 그런데 공교롭게도 그로부터 18일 후인 2월 20일에 앙리 무아상마저 급성 맹장염으로 54세에 생을 마쳤습니다.

불소의 유해성 논란

미국에서는 1940년대부터 수돗물 불소화 정책이 시행되어 2018년 기준 미국 인구의 73%가 불소화된 수돗물을 이용하고 있습니다. 그런데 우리나라에서는 1981년 진해에서 수돗물 불소화가 처음 시작된 이후 2001년에 인구의 9.4%가 혜택을 받다가 2019년부터는 전면 중단되었습니다. 우리나라에서 수돗물 불소화가 중단된 이유가 무엇인지 알아보고, 수돗물 불소화의 찬반 논쟁에 대해 함께 생각해 보아요.

원자핵을 발견한 어니스트 러더퍼드

핵물리학의 아버지가 화학상을 받은 까닭

1908년 노벨 화학상

어니스트 러더퍼드는 원자핵의 존재를 알아내 새로운 원자 모형을 제시한 물리학자입니다. 그가 발견한 원자핵으로 인해 원자력 발전과 핵무기가 탄생할 수 있었죠. 또한 그는 중성자 및 중수소의 존재를 예상하는 등 핵물리학의 발전에 선구자 역할을 했습니다. 그런데 러더퍼드는 노벨 물리학상이 아닌 화학상을 받았습니다. 노벨 위원회는 왜 그에게 화학상을 수여한 것일까요?

19세기까지만 해도 과학자들은 원자 및 원소가 더 이상 나눌 수 없는 궁극적 한계라고 생각했습니다. 따라서 구리와 같은 값싼 금속을 금과 같이 비싼 금속으로 바꾸려고 시도한 연금술사들도 화학 반응으로 원자의 배열 상태를 바꾸려 했을 뿐 원자 자체의 변화는 꿈도 꾸지 않았죠.

그런데 한 과학자가 등장해 기존의 모든 이론과 달리 한 원소가 다른 원소로 전환될 수 있다는 사실을 밝혀냈습니다. 원자의 종류를 바꿀 수 있는 열쇠를 알아낸 거죠. 원자 속에는 그 원자의 종류를 결정하는 원자핵이 있다는 사실을 처음으로 발견한 것입니다.

이처럼 놀라운 과학 업적을 일궈 낸 주인공은 바로 뉴질랜드에서 감자를 캐며 일생을 보낼 뻔했던 어니스트 러더퍼드입니다. 1871년 8월 30일 뉴질랜드의 브라이트워터에서 출생한 그는 크라이스트처치에 있는 캔터베리대학에 진학해 물리학을 공부했습니다.

러더퍼드는 뛰어난 수학 실력과 탁월한 연구 능력으로 인정받았으나, 장학금을 받지 못하면 학업을 더 이상 이어 갈 수 없는 형편이었어요. 그런 상황을 타파할 수 있는 유일한 방법은 영국 유학을 갈 수 있는 장학 제도에서 1등을 하는 것이었습니다.

하지만 그는 2등이 되는 바람에 유학을 포기해야 했어요. 그런데 절망적인 상황에서 기적이 일어났습니다. 1등으로 선정된 학생이 의대 진학을 위해 장학금을 포기함으로써 러더퍼드가 다시 기회를 잡게 된 것이죠.

이 소식이 전해졌을 때 러더퍼드는 감자밭에서 감자를 캐고 있었어요. 그는 곧바로 감자를 캐던 삽을 내던지고 1895년 영국 케임브리지대학으로 유학을 떠났습니다. 그곳에서 그는 캐번디시 연구소 소장인 J. J. 톰슨의 지도로 전자기파 검출에 관해 연구하며 기체의 전기전도 현상을 해명했어요.

원소의 변화보다 신비로워

러더퍼드는 우라늄과 토륨에서 나오는 방사선을 연구하면서 알파선과 베타선이라는 두 가지 다른 형태의 방사선을 발견했습니다. 1898년에는 톰슨의 추천으로 캐나다 맥길대학교의 물리학과에 부임했어요. 여기서 그는 토륨 화합물의 방사능이 변동적이라는 사실을 발견했고, 이는 새로운 원소의 형성과 붕괴의 결과라는 사실을 깨달았습니다. 이 새로운 방사성 기체를 '에머네이션'이라고 불렀습니다.

러더퍼드는 F. 소디 박사와 함께 방사능 현상을 심도 있게 연구했습니다. 그 결과, 1902년에 **방사성 원소의 붕괴에 관한 이론**을 발표했어요. 방사능의 발생과 소멸은 분자들의 변화 때문이 아니라 원자가 알파 입자나 베타 입자를 방출하면서 다른 원소로 변환하기 때문에 일어난다는 주장이었죠. 이 이론은 원소의 안정성에 관한 기존의 물질관에 커다란 변화를 일으키는 혁신적인 것이었어요.

이후 영국으로 다시 돌아온 러더퍼드는 동료들과 함께 알파 입자의 본질을 밝히는 실험에 착수했습니다. 그들은 매우 얇은 창을 통해 알파 입자를 진공관으로 통과시켰습니다. 그러자 시간이 지나면서 관 내부에 알파 입자가 축적되었고 방전이 일어났어요.

이 방전 과정에서 관찰된 중요한 점은 헬륨 가스의 특징적인 스펙트럼이 나타났다는 것입니다. 스페트럼 분석은 각 원소마다 고유한 빛의 패턴을 보인다는 원리를 이용한 것인데, 이를 통해 관 내부에 축적된 물질이 헬륨임을 확인할 수 있었어요.

이 실험 결과를 통해 러더퍼드는 알파 입자가 이온화된 헬륨 원자일 것이라는 결론을 내렸습니다. 이는 알파 입자의 정체를 밝히는 중요한 발견이었으며, 후에 알파 입자가 2개의 양성자와 2개의 중성자로 구성된 헬륨-4 원자핵과 동일하다는 사실이 확인되었습니다.

러더퍼드는 원소의 붕괴와 방사성 물질의 화학에 관한 연구 업적을 인정받아 1908년 노벨 화학상을 수상했습니다. 물리학자가 물리적인 방법으로 이룬 연구인데 화학상을 받은 것이죠. 또한 방사선 현상에서 일어나는 변화는 화학 반응에서의 변화와 완전히 달라요.

러더퍼드는 자신의 노벨 화학상 수상에 대해 "원소의 변화보다 신비롭다"고 말하며 의아해했어요. 이에 대해 노벨 위원회는 그의 연구가 화학 분야에서 그 중요성이 매우 지대하기 때문이라고 밝혔습니다.

원자핵과 양성자의 정체 밝혀내

노벨상을 수상한 다음 해부터 러더퍼드는 새로운 실험에 착수했습니다. 자신을 유명하게 만든 알파 입자를 이용해 원자를 공격하기로 한 것이죠. 금을 아주 얇게 펴서 두께가 20,000분의 1cm밖에 되지 않는 금박을 만든 다음 방사성 원소에서 나오는 알파 입자를 그곳으로 발사시켰습니다.

그런데 처음의 예상과는 달리 초속 약 1만 6,000km의 속력으로 금박에 부딪친 알파 입자들 중 일부는 금박을 통과하지 못했어

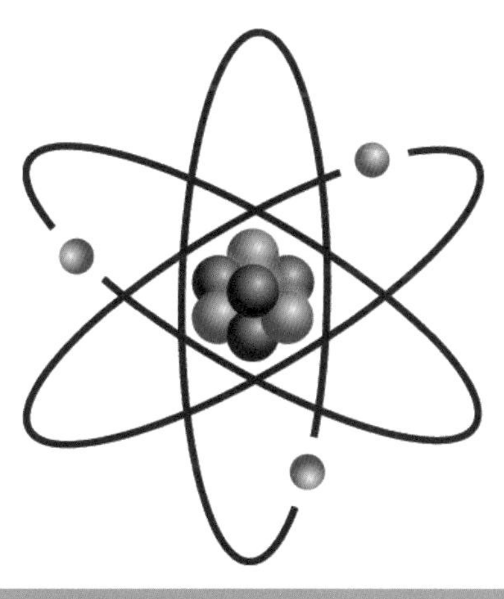

러더퍼드 원자 모형으로 나타낸 리튬. 파란색 점은 전자, 빨간색 점은 양성자, 검은색 점은 중성자를 나타낸다.

요. 마치 속도가 빠른 총알이 아주 얇은 종이를 통과하지 못한 것과 같은 셈이죠. 알파 입자를 금박에서 튕겨 나가게 한 물질의 정체를 추적하던 러더퍼드는 기존의 설과는 전혀 다른 새로운 원자 모형을 제시했습니다.

즉, 원자는 원자핵을 가지고 있고 그 주위를 전자들이 빠른 속도로 돌고 있는 모습이었습니다. 비록 중성자가 빠져 있긴 했지만, 그의 원자 모형은 원자핵의 존재를 정확히 알아냈다는 점에서 큰 의미를 지녀요.

이후 그는 질소 기체에 알파 입자를 충돌시키는 실험을 통해 모든 원소에 공통으로 들어 있는 양전하를 지닌 기본 입자, 즉 양성자를 발견하고 **프로톤(proton)**이라고 명명했습니다. 원자핵 밖의 전자는 그의 스승인 톰슨이 발견했고, 중성자는 그의 제자인 채드윅이 발견했으니 원자를 구성하는 소립자인 전자, 양성자, 중성자의 발견이 모두 러더퍼드와 연관되어 있는 셈이죠.

러더퍼드는 1919년에 캐번디시연구소의 제4대 소장으로 부임했는데, 이후 이 연구소는 그의 별명인 악어를 상징물로 사용하고 있어요. 악어처럼 오직 앞으로 나아가면서 모든 것을 삼키듯이 연구해야 한다는 그의 발언에서 유래한 별명입니다.

이공계 대체복무 제도를 최초로 제안하다

러더퍼드는 이공계 대체복무 제도의 최초 제안자이기도 합니다. 그의 제자였던 헨리 모즐리는 원자핵 속의 양성자 수와 원자번호의 관계를 밝혀내 유력한 노벨상 후보로 꼽혔어요. 그런데 모즐리는 제1차 세계대전 때 자원입대해 1915년에 전사하고 말았죠. 훌륭한 제자를 잃은 러더퍼드는 영국 의회에 편지를 보내 과학 인재들을 군대에 보내는 대신 대학이나 연구소 등에서 계속 연구시키는 게 국가에 더 이익이 된다고 주장한 거예요. 영국 의회는 그의 의견을 받아들여 이공계 대체복무 제도를 만들었고, 이후 이 제도는 다른 국가에도 확산되었습니다.

광합성의 비밀을 밝힌 리하르트 빌슈테터

식물학 분야에 최초로 노벨상을 안긴 엽록소

1915년 노벨 화학상

1915년에 노벨 화학상을 받은 독일의 화학자 리하르트 빌슈테터는 식물학 분야에서는 최초로 노벨상을 받은 과학자입니다. 사실 식물학은 생물학 분야에 속하므로 생리의학상을 받아야 하죠. 하지만 그는 식물의 가장 중요한 특징을 연구했음에도 화학상을 수상했습니다. 그는 과연 무슨 연구를 한 것일까요?

지구상의 모든 동물은 식물 덕분에 먹고삽니다. 태양 에너지를 받아 스스로 영양분을 생산하는 식물을 초식성 동물이 먹고, 그 초식성 동물을 육식성 동물이 잡아먹는 먹이사슬 구조를 지니죠.

이처럼 식물이 태양 광선을 흡수해 물을 산소와 수소로 분해하고 이산화탄소를 이용해 탄수화물을 만들어서 포도당을 생산하는 과정을 **광합성**이라고 해요. 전 세계 식물이 광합성으로 생산하는 포도당은 매년 약 1,500억 톤에 달합니다.

그뿐만이 아닙니다. 식물이 광합성할 때 내뿜는 산소로 인해 지구는 지금처럼 산소가 풍부한 행성이 되어 산소로 호흡하는 동물들이 탄생할 수 있었죠. 또 광합성 과정에서 생성되는 각종 탄소

화합물은 열매와 곡물 같은 식량은 물론 옷을 만들 수 있는 섬유, 집과 가구를 만드는 목재 등으로 사용할 수 있으며, 석탄 같은 유용한 지하자원이 되기도 합니다.

그런데 광합성에 필요한 햇빛을 흡수할 수 있는 것은 식물의 잎 속에 있는 엽록체 안의 **엽록소**뿐입니다. 즉, 광합성을 위한 에너지는 엽록소만이 흡수할 수 있죠. 따라서 엽록소를 '녹색 혈액'이라고도 해요.

반면, 척추동물의 혈액 속 적혈구에 다량으로 들어 있는 색소 단백질은 헤모글로빈입니다. 동물이나 식물이나 색소가 생명 유지에 필요한 가장 중요한 일을 하는 셈이죠. 헤모글로빈으로 인해 척추동물의 여러 조직에 산소가 운반되며, 식물은 엽록소로 인해 생명의 근본 과정이 구성되기 때문입니다.

그런데 흥미롭게도 헤모글로빈과 엽록소는 거의 동일한 구조를 지니고 있어요. 단지 다른 것은 헤모글로빈의 경우 중심 원소가 철(Fe)인 반면에 엽록소의 중심 원소는 마그네슘(Mg)이라는 점뿐이죠. 이를 밝혀낸 과학자가 바로 리하르트 빌슈테터입니다.

엽록소의 화학적 구조 밝혀내

뮌헨대학교에서 코카인의 구조를 연구해 박사학위를 받은 리하르트는 1905년 취리히대학의 교수가 되면서 엽록소에 관한 연구를 시작합니다. 엽록소에 마그네슘이 있다는 사실은 이전부터 알려져 있었으나 리하르트는 마그네슘이 불순물이 아니라 엽록소의 필수 요소라는 사실을 처음 밝혀냈어요.

또한 그는 200가지 이상의 식물을 조사해 엽록소는 모두 동일하다는 것도 알아냈습니다. 하지만 엽록소는 화학적으로 균일한 물질은 아니에요. 즉, 엽록소는 두 가지 녹색 색소의 혼합물인데, 이를 확실하게 증명한 과학자도 바로 리하르트입니다.

엽록소 연구에 있어 가장 중요한 일은 순수한 상태의 엽록소를 충분하게 확보하는 것입니다. 리하르트는 이 같은 숙제를 성공적으로 해결해 내기도 했어요. 하지만 그의 연구 중 가장 중요한 업적은 엽록소의 화학적 구조를 밝힌 것이에요. 그는 엽록소가 알칼리와 사포니피케이션(saponification, 비누화) 반응을 하며, 피톨과 클로로필린으로 분리된다는 사실을 알아냈어요. 그중 클로로필린이 바로 마그네슘을 포함하는 색소 성분입니다.

그는 이 같은 업적을 인정받아 1915년에 노벨 화학상을 받았습니다. 앞에서도 말했듯이 식물학은 생물학 분야에 속하므로 생리의학상을 받아야 하죠. 하지만 식물 고유의 현상을 발견해 노벨 생리의학상을 받은 이는 없습니다.

그러나 광합성을 연구해 노벨 화학상을 수상한 경우는 리하르트를 포함해 세 차례나 있습니다. 엽록소가 빛 에너지를 이용해 물과 이산화탄소를 유기물로 바꾸는 광합성을 한다는 사실을 밝혀 1961년 노벨상을 받은 미국의 멜빈 캘빈, 분광학적인 방법으로 광합성의 구조를 밝혀 광합성에서 얻을 수 있는 유기물을 인공적으로 합성하는 길을 연 공로로 1988년 노벨상을 공동 수상한 독일의 요한 다이젠호퍼와 로베르트 후버, 하르트무트 미헬이 그 주인공들이죠.

기존 지식으로는 설명할 수 없는 광합성의 비밀

리하르트는 안토시아닌 등 식물의 다른 색소들에 관해서도 많은 연구 결과를 내놓았습니다. 그는 안토시아닌을 당 성분인 글루코스와 색소 성분인 사이아니딘(시아니딘)으로 분리하고, 사이아니딘의 화학적 구조를 밝혀냈어요. 안토시아닌은 장미에서 적색이 되고 해바라기에서는 청색이 되는데, 그는 한 색소가 어떻게 다른 색을 갖게 되는지 알아냈습니다.

그 밖에도 그는 카로티노이드라 불리는 황색 색소를 순수한 상태로 만들어 연구했습니다. 광합성을 하는 거의 모든 식물은 황색을 띠는 카로티노이드를 가지고 있는데, 이 색소도 엽록소처럼 빛을 흡수해 엽록소에 전달한다고 합니다.

식물의 광합성에서 중요한 역할을 담당하는 엽록소는 활성산소의 기능을 억제하는 등 인체 건강에서도 큰 효능을 발휘해요. 인체 내로 들어온 후 헤모글로빈으로 변하는 엽록소를 많이 섭취하면 산소 공급량이 증가해 기억력 저하 및 치매 예방에 효과적이죠. 엽록소는 그 밖에도 체내 독성 및 노폐물 제거, 체질 개선, 면역력 강화 등에 효과가 있는 것으로 알려져 있습니다.

하지만 노벨상을 세 차례나 받았던 광합성에 대한 비밀은 아직도 완전히 파헤쳐지지 않고 있어요. 일부 과학자들은 광합성 과정에서 양자역학적 현상이 일어날 것이라고만 예측했는데, 2007년 실제로 그 같은 현상이 관찰됐습니다.

미국 버클리 캘리포니아대학의 그레이엄 플레밍 교수팀이 초고속 시간 분해능(물체의 움직임을 아주 짧은 시간 간격으로 쪼개어 관찰할 수 있는 능력) 레이저를 이용해 광합성에 이용되는 색소 분자들 사이에서 **양자 결맞음 현상**이 일어난다는 사실을 밝혀낸 것이죠.

이 발견은 광합성의 효율이 왜 그리 높은지 설명할 수 있다는 점에서 주목받았습니다. 식물이 빛 에너지를 전기 에너지로 바꾸는 최대 효율은 95%가 넘어요. 이는 기존의 화학적 지식으로는 설명할 수 없는 놀라운 현상인데, 광합성의 비밀이 완전히 밝혀지게 되면 인류는 에너지 변환 효율을 극적으로 높일 수 있습니다.

엽록소의 양자 결맞음

엽록소는 태양에서 흡수한 에너지를 전달할 때 하나에서 다른 것으로 차례차례 옮기는 게 아니라 한순간에 전체 엽록소에 파동처럼 퍼뜨립니다. 이 같은 파동 현상을 양자물리학에서는 양자 결맞음이라고 해요.

암모니아 합성법을 개발한 프리츠 하버

공기로 빵과 폭약을 만든 과학자

1918년 노벨 화학상

독일의 프리츠 하버는 질소 비료에 사용되는 암모니아를 대량 생산할 방법을 개발해 인류를 기아에서 구한 과학자입니다. 그런데 1918년 노벨 화학상의 주인공으로 그가 선정되자 많은 이들이 경악을 금치 못했습니다. 도대체 그가 무슨 잘못을 했기에 사람들은 그처럼 놀랐던 걸까요?

식물이 땅에서 성장하기 위해선 탄소, 수소, 산소, 질소 등을 필요로 합니다. 그중 탄소, 수소, 산소는 물을 비롯해 공기 중의 이산화탄소에서 얻을 수 있죠. 그런데 대기 중에 가장 흔한 성분인 질소는 식물이 직접 흡수하지 못하고 흙을 통해서만 얻을 수 있어요. 예전에 퇴비나 배설물을 흙에 뿌린 것은 식물에 질소를 공급하기 위해서였습니다.

프리츠 하버는 1904년부터 대기 중에 있는 막대한 양의 질소를 암모니아 형태로 결합할 수 있는 연구에 착수했어요. 그 암모니아를 다시 질산칼륨으로 전환하면 질소 비료로 이용할 수 있기 때문이었죠.

그는 반응이 매우 느린 물질인 질소의 온도를 높여 공기 중의

1942년 비료 실험 현장. 비료를 사용하지 않은 좌측의 밭에 비해 우측의 밭에서 농작물의 생장이 더욱 촉진되었다. 사진 ⓒ프랭클린 D. 루즈벨트 대통령 도서관 및 박물관.

질소와 수소에서 암모니아를 만들려고 했어요. 수많은 실패를 거듭한 끝에 500℃의 온도와 100기압의 압력에서 철 촉매를 이용해 암모니아를 얻는 데 결국 성공했습니다.

이후 하버는 공업화학자 카를 보슈와 협력해 암모니아를 대량 생산하기 시작합니다. 이로 인해 그는 **'공기에서 빵을 만든 과학자'**라는 수식어를 달게 되었어요. 그가 개발한 암모니아 합성법은 식량 생산량을 획기적으로 증가시켜 인류를 굶주림의 공포로부터 해방해 주었기 때문이죠.

현재 전 세계의 농경지에 뿌려지는 질소 비료의 약 40%가 하버-보슈법을 통해 만들어진 것이며, 전 인류가 섭취하는 단백질의 약 3분의 1이 질소 비료에서 나온다고 합니다. 만약 질소 비료가 없다면 현재 인류의 약 절반이 굶주리게 된다고 하니 그의 발명이 얼마나 중요한지 미루어 짐작할 수 있겠죠.

그런데 지금까지도 하버는 노벨상 수상 자격 논란이 불거질 때마다 단골로 등장하는 노벨상의 대표적인 흑역사로 꼽힙니다. 도대체 어떻게 된 일일까요?

사실 그가 대량으로 생산하는 데 성공한 암모니아는 식량 부족을 해결한 일등 공신이기도 하지만, 폭약을 생산할 수 있는 재료가 되기도 합니다. 하버는 제1차 세계대전이 발발하자 자발적으로 나서 화약의 원료가 되는 질산칼륨을 제조하는 일을 맡았어요.

아내도 막지 못한 독가스 연구

당시 독일은 연합국들의 해상 봉쇄로 질산칼륨의 수입이 불가능한 상태였는데, 하버의 도움에 의지해 전쟁을 수행할 수 있었습니다. 그가 암모니아의 대량 생산 연구에 매달린 이유는 독일의 전쟁을 돕기 위해서였던 거죠.

그런데 그보다 사람들이 경악한 진짜 이유는 바로 **독가스** 때문입니다. 하버는 전쟁용 독가스를 개발하는 비밀 부서의 책임자가 되어 세계 최초로 독가스의 효율적인 공격에 성공한 인물이었어요. 1915년 4월 22일 벨기에의 이프르에서 영국-프랑스 연합군과 독일군이 벌인 전투가 바로 대표적인 사례입니다. 당시 독일군은 연합군 진지를 향해 집중 포격을 가한 후 약 6,000개에 달하는 가스통을 열어 염소가스를 살포했어요.

그로 인해 약 5,000명의 연합군 병사가 염소가스에 폐가 손상돼 사망했으며, 1만 5,000여 명이 가스에 중독됐습니다. 이 전투로 말미암아 하버는 독일에서 영웅 대접을 받았으며, 유대인임에도 불구하고 예외적으로 장교에 임명되기까지 했죠.

이 같은 하버의 행보를 곁에서 격렬하게 반대한 사람이 있었어요. 여성으로서는 독일 최초로 화학 박사학위를 받은 하버의 아내 클라라 임머바르가 바로 그 주인공이에요. 클라라는 독가스를 제조한 남편에게 분개했으며, 공개적으로 비판하는 목소리를 내기도 했어요. 그러다 이프르 전투의 승리를 축하하는 파티장에서 남편의 권총을 사용해 스스로 목숨을 끊고 맙니다.

클라라의 자살 이유는 명확히 밝혀지지 않았지만, 하버의 독가스 개발에 대한 항의인 것으로 알려져 있습니다. 하지만 아내가 목숨을 끊은 다음 날 하버는 또 다른 전선으로 향해 약 6,000명을 염소가스로 죽였습니다.

이후 그는 염소가스보다 실전에 사용하기 훨씬 편리한 포스젠 가스 등을 개발해 '독가스의 아버지' 혹은 '화학무기의 아버지'로 불립니다. 제1차 세계대전 중 독가스 등의 화학무기로 사망한 병사는 약 10만 명에 달해요. 또 100만 명 이상의 병사들이 가스 중독으로 후유증을 앓아야 했어요.

결국 조국에서도 버림받아

독일의 패전으로 제1차 세계대전이 끝난 후 프리츠 하버는 전범으로 분류돼 스위스로 피신했습니다. 그런데 무슨 영문인지 노벨 위원회는 그에게 화학상을 주었으며, 그는 1919년에 다시 독일로 당당히 귀환할 수 있었어요.

이후 하버는 엄청난 액수의 전쟁 배상금을 지급해야 했던 독일에 도움을 주고자 바닷물에서 금을 추출하는 기술을 연구했습니다. 하지만 6년간의 연구에도 실패하자 다시 독가스 연구에 착수했어요.

이때 그가 개발한 것 중의 하나가 바로 '지클론 B'라는 독가스였어요. 살충제로 만든 이 독가스는 제2차 세계대전 당시 그의 동족인 유대인 수백만 명과 집시 등의 대량 학살에 사용돼 악명을 떨쳤습니다.

프리츠 하버는 카이저-빌헬름연구소의 소장으로 재직하며 독일 화학의 발달을 주도했지만, 1933년에 다시 독일을 떠나야 했어요. 히틀러가 집권해 유대인의 공직 추방 명령을 내리자 스스로 사임한 후 영국으로 향했던 것이죠.

그때 이후로 하버의 삶은 순탄치 못했습니다. 독가스 개발 전력으로 영국 정착에 어려움을 겪다가 이스라엘에 새로 설립되는 연구소로부터 초청을 받았어요. 그 연구소의 개소식에 참석하러 가던 도중 그는 스위스의 바젤에서 심장마비로 사망합니다.

독일을 사랑했던 하버의 평소 소원은 자신의 묘비에 '전쟁 때나 평화로울 때나 조국이 허락하는 한 조국에 봉사했다'는 문구를 남기는 것이었어요. 하지만 결국 조국에서도 버림받으며 유일한 소원조차 이루지 못한 채 낯선 이국땅인 바젤에 묻히는 신세가 됐습니다.

- 대기의 대부분을 차지하는 질소를 식물이 사용하기 힘든 이유가 무엇인지 알아보아요.
- 대기 중의 질소가 사용하기 좋게끔 변환되는 과정을 질소 고정이라고 해요. 인위적으로 질소 비료를 만드는 방법 외에 자연에서 일어나는 질소 고정의 방법에 대해 알아보아요.

합성석유를 만든 프리드리히 베르기우스

석유가 부족한데도 히틀러가 전쟁을 결심한 까닭은?

1931년 노벨 화학상

제2차 세계대전이 일어나기 직전인 1938년, 미국의 석유 소비량은 약 10억 배럴인 데 비해 독일은 4,400만 배럴밖에 되지 않았습니다. 유전이 없던 독일로서는 전투기와 전차 등에 사용해야 하는 군용 유류가 미국의 지원을 받던 연합국들에 비해 상당히 부족했던 거죠. 그럼에도 독일은 프리드리히 베르기우스라는 화학자 덕분에 6년이라는 긴 전쟁 기간을 버텨 냈습니다. 그 비결은 과연 무엇이었을까요?

화학 공장을 운영하는 아버지 덕분에 어릴 때부터 다양한 작업 방법과 화학 기술 공정을 현장에서 배울 수 있었던 베르기우스는 일찌감치 화학자로서의 꿈을 키웠습니다. 라이프치히대학, 베를린대학 등에서 공부한 그는 1910년부터 하노버에 공장과 연구원이 있는 개인 실험실을 차려 놓고 합성석유 연구에 빠져들었어요.

합성석유란 석유 원유 이외의 원료를 가공하여 얻는 액체 연료를 말하는데, 베르기우스는 석탄을 액화시켜 합성석유를 만드는 연구를 했습니다. 사실 석유나 석탄의 주성분은 똑같이 탄소와 수소예요. 차이가 있다면 석유는 수소의 비율이 13% 이상인 데 비해 석탄은 5% 이하에 불과하다는 점이죠. 따라서 석탄에 수소를 첨가하면 석유와 유사하게 전환할 수 있습니다.

석탄이 수소가스와 고압에서 가열되면 과열 현상이 일어나 만들 수 있는 석유의 양이 적어질 수 있어요. 베르기우스는 그 같은 국소 과열 현상을 피하기 위해 석탄을 잘게 부스러뜨려 중유와 섞고, 그것을 고압의 수소로 처리하는 방법을 개발했습니다. 그는 이처럼 간단하면서도 기발한 방법으로 1913년에 석탄의 대부분을 중유나 중질유로 만드는 데 성공합니다.

베르기우스는 제1차 세계대전이 발발한 이후 다른 외부 활동을 모두 제쳐 둔 채 연구에만 몰두했어요. 전쟁이 일어난 후 독일이 석유 부족으로 곤욕을 치르는 상황을 생생히 목격했기 때문이죠. 그러다 제1차 세계대전이 끝난 후에야 자신의 연구 결과를 실용화시킬 수 있는 회사를 찾아냅니다. 베르기우스는 그곳에서 이전까지 사용하지 않던 촉매를 사용함으로써, 더욱 품질이 높은 석유를 생산할 수 있는 방법을 찾았습니다.

석탄으로 석유를 만들다

이후 석탄을 휘발유로 전환할 수 있게 됐으며, 1926년에는 독일의 로이나에 연간 생산량 10만 톤 규모의 합성석유 공장이 건설됐어요. 그가 개발한 화학적 고압법은 합성석유의 제조뿐만 아니라 석유산업의 여러 분야에도 적용되었습니다.

이 같은 업적을 인정받아 그는 카를 보슈와 공동으로 1931년 노벨 화학상을 받았습니다. 카를 보슈는 프리츠 하버와 공동 연구를 한 공업화학자로서, 질소 비료의 대량 생산 공정을 확립한 공로로 노벨상을 받은 거예요. 베르기우스 역시 카를스루에대학에서 프리츠 하버, 카를 보슈와 함께 하버-보슈 공정의 개발을 위해 잠시 함께 일한 인연이 있습니다.

베르기우스의 노력 덕분에 제2차 세계대전이 시작된 1939년 독일의 합성석유 1일 생산량은 7만 2,000배럴이었으며, 전쟁이 치열해진 1943년 1일 생산량은 12만 4,000배럴에 이르렀어요. 1944년 초에는 독일군 전체 유류 사용량의 57%를 합성석유가 담당했으며, 항공용 가솔린의 경우 95%가 합성석유로 충당되고 있을 정도였죠.

하지만 연합군도 가만히 두고 보고 있지만은 않았습니다. 1944년 5월 수백 대의 폭격기를 동원해 독일의 합성석유 공장들을 쑥대밭으로 만들어 버린 거죠. 당시 피폭된 합성석유 생산 시설을 시찰한 독일의 군수 장관은 "사실상 전쟁은 끝났다"고 말했으며, 그로부터 1년 후 독일은 결국 항복을 선언했습니다.

한편, 베르기우스는 합성석유의 제조에 성공한 이후 목재의 셀룰로스에서 당분을 추출해 가축 사료로 만드는 연구에 매진합니다. 즉, 나무에서 설탕을 추출하는 연구였죠. 셀룰로스를 분해해 설탕과 유사하게 만들기 위해서는 농축된 염산을 사용해야 했는데, 사용한 염산을 완전히 회수하기 위해서는 매우 복잡한 과정을 거쳐야 했어요.

최근 들어 다시 주목받는 합성석유

그럼에도 그는 연구에 매달린 지 15년 만에 결국 목재의 사료 전환에 성공했습니다. 하지만 제2차 세계대전에서 독일이 패한 이후 베르기우스는 자신의 능력을 펼칠 수 있는 일자리를 더 이상 찾지 못했어요. 결국 그가 선택한 것은 아르헨티나로의 이민이었어요. 1947년에 아르헨티나로 이주한 그는 산업부 장관의 고문으로 일하기도 했습니다. 그러나 이주한 지 2년 만인 1949년 3월 30일에 부에노스아이레스에서 65세를 일기로 파란만장한 생을 마감합니다.

이후 베르기우스의 합성석유도 사람들의 관심에서 차츰 멀어져 갔습니다. 합성석유를 생산하기 위해서는 큰 공장과 복잡한 설비 등 초기 투자 비용이 많이 드는데, 중동 국가들에서 원유를 대량 생산함에 따라 가격 경쟁력이 떨어졌기 때문이에요.

그러나 유가가 상승함에 따라 합성석유는 다시 서서히 주목받고 있습니다. 석탄은 석유보다 매장량이 훨씬 많으며, 전 세계에 골고루 분포되어 있기 때문이죠.

현재 합성석유 기술 개발에 가장 적극적인 국가는 남아공과 중국이에요. 인종차별 정책으로 국제 사회의 경제 제재를 받고 있는 남아공은 합성석유 개발에 주력해 현재 세계 최고의 인프라를 구축하고 있어요. 경제 발전 속도에 비해 원유 자급률이 낮은 중국 역시 최근 들어 기술 개발 및 대규모 생산 시설을 준공하는 등 합성석유 생산에 박차를 가하고 있습니다.

합성석유와 환경

석탄을 액화시켜 석유로 만드는 합성석유, 즉 석탄액화석유(CTL : Coal to Liquid)는 친환경 연료로 불립니다. 석탄을 연소하면 많은 양의 이산화탄소와 온실가스가 배출되는 데 비해 석탄액화석유는 기존의 휘발유보다도 이산화황을 35% 정도 적게 배출하기 때문이죠. 그러나 석탄액화석유 역시 본질적으로는 이산화탄소를 발생시킨다는 점이 문제로 지적되고 있습니다.

페로몬을 발견한 아돌프 부테난트

나방 50만 마리에서 찾아낸 신비의 물질

1939년 노벨 화학상

독일의 생화학자 아돌프 부테난트는 20년간 무려 50만 마리의 암컷 누에나방을 잡아 분비샘에 있는 물질을 하나씩 떼어 모았습니다. 그리고 마침내 암컷 누에나방이 지닌 비밀을 알아냈죠. 《파브르 곤충기》로 유명한 장 앙리 파브르도 미처 알아내지 못한 그 비밀은 과연 무엇이었을까요?

연구에 몰두하던 어느 날, 파브르는 자신의 서재 책상 위에서 갓 부화한 산누에나방 암컷에 철망을 덮어 놓고 외출했어요. 그날 밤에 다시 돌아온 파브르는 서재에 불을 밝힌 후 깜짝 놀라고 말았습니다. 수컷 산누에나방 수백 마리가 서재를 뒤덮고 있었기 때문이죠.

암컷 나방은 도대체 어떤 방법으로 그처럼 많은 수컷 나방을 불러 모은 걸까요? 파브르는 그 비밀을 밝히기 위해 갖가지 실험을 진행했으나 결국 실패하고 말았습니다. 이 에피소드는 파브르가 1879년부터 1907년까지 연이어 출간한 《파브르 곤충기》에 자세히 소개되어 있어요.

그로부터 50여 년 후인 1956년 아돌프 부테난트는 마침내 암컷 누에나방이 수컷들을 불러 모으는 비밀의 물질을 알아내는 데 성공했습니다. 20년에 걸쳐 50만 마리의 암컷 누에나방 배마디에 있는 분비샘을 하나씩 떼어 모아서 혼합물을 추출한 뒤, 다시 그 혼합물에서 상관없는 물질을 하나씩 제거한 끝에 아주 강력한 성유인 물질을 찾아낸 거죠. **봄비콜(bombykol)**이라고 명명된 그 물질은 공기 분자 1조 개 중에 분자가 하나만 있어도 수컷 누에나방이 냄새를 맡을 수 있어요.

3년 후인 1959년 독일의 페터 칼손과 마틴 뤼셔 박사는 〈네이처〉에 발표한 짤막한 논문에서 **페로몬**이라는 신조어를 사용했습니다. '운반하다'는 뜻의 그리스어 'pherein'과 '자극하다'는 뜻의 그리스어 'hormon'의 합성어였죠. 부테난트가 누에나방 50만 마리에서 분리해 낸 물질은 바로 페로몬이었습니다.

페로몬은 혈액에 녹아 몸을 순환하는 호르몬과는 달리 몸 밖으로 분비돼 다른 개체에 정보를 전달하는 역할을 합니다. 나방 같은 곤충뿐만 아니라 양서류와 어류, 혹은 돼지 같은 포유류에도 페로몬이 있어요.

인간에게도 페로몬이 있을까

부테난트가 발견한 것처럼 상대방의 성적 자극을 유도하는 성페로몬 외에도 무리에게 위험을 알리는 경보 페로몬, 장소나 방향을 알려 주는 길잡이 페로몬, 여왕벌처럼 다른 개체의 생식 능력을 억제하는 계급 분화 페로몬 등 다양한 종류가 있습니다.

특히 성페로몬의 경우 넓은 공간에서 흩어져 살던 동물들이 자신의 짝을 정확히 찾아내 후손을 잇는 생식 활동을 하게 한다는 점에서 매우 중요해요. 유사한 곤충종이라도 잡종이 생기지 않는 것은 종마다 각각의 특이한 성페로몬을 분출하기 때문이죠.

한편, 인간에게도 페로몬이 있다는 연구 결과가 발표된 적이 있습니다. 1971년에 마샤 매클린톡이 〈네이처〉에 발표한 논문이 대표적이죠. 마샤는 그 논문에서 페로몬으로 인해 여대 기숙사에서 함께 지내는 여학생들의 월경 주기가 같아진다고 주장했어요.

그 후에도 인간 페로몬과 관련한 논문이 발표되었으나, 여전히 직접적인 증거는 발견되지 않고 있습니다. 따라서 일부 화장품 회사들이 판매하고 있는 페로몬 향수도 사실은 정확한 과학적인 근거가 없는 셈이죠.

그런데 부테난트에게 노벨상을 안긴 것은 페로몬이 아니라 성호르몬에 관한 연구였어요. 그는 페로몬 연구를 시작하기 전인

1929년에 임산부의 소변에서 에스트로겐 효과가 있는 물질인 에스트론을 결정 형태로 분리하는 데 성공했습니다.

또한 스펙트럼 분석 결과와 콜레스테롤의 식에 근거해서 에스트론의 화학식이 C18H22O2라는 사실을 밝혀냈으며, 1931년에는 남성의 소변에서 남성 호르몬의 일종인 안드로스테론을 순수하고 투명한 형태로 분리해 냈어요.

히틀러 때문에 노벨상 받지 못해

정제 과정에서 이 물질은 여러 면에서 에스트론처럼 거동하는 것이 증명됐죠. 부테난트는 안드로스테론의 화학식이 C19H30O2라고 정의했는데, 에스트론과의 차이는 단지 1개의 메틸기(-CH3)와 5개의 수소 원자를 더 함유하고 있다는 점뿐이었어요.

부테난트는 여러 과학자에 의해 이미 발견된 난소 호르몬 코르푸스 루테움을 1934년에 화학적으로 순수한 상태로 합성하는 데 성공한 후 **프로게스테론**이라 명명했습니다. 그 후 그는 임산부의 소변에서 발견한 프레그난다이올을 프로게스테론으로 전환하는 데 성공했어요.

1935년에 암스테르담대학의 에른스트 라퀴르가 고환에서 대표적인 남성 호르몬인 테스토스테론을 추출해 내자, 부테난트는 안드로스테론으로부터 테스토스테론을 얻을 수 있다는 사실도 알아냈습니다.

그는 성호르몬 연구에 관한 이 같은 업적을 인정받아 스위스의 레오폴트 루지치카와 공동으로 1939년 노벨 화학상 수상자로 선정됐어요. 그러나 히틀러가 독일인의 노벨상 수상을 금지하는 바람에 부테난트는 상을 받지 못했습니다. 그해 노벨 생리의학상 수상자로 선정된 독일의 게르하르트 도마크도 마찬가지로 상을 받을 수 없었죠.

히틀러는 반전주의자로 유명한 카를 폰 오시에츠키라는 작가이자 언론인이 자신의 집권 이후 반나치 운동의 선봉에 섰음에도 불구하고 1936년 노벨 평화상 수상자로 선정되자 격노했어요. 그래서 모든 독일인에 대해 노벨상 수상을 금지한다는 명령을 내린 거예요.

결국 이들은 독일의 패전으로 히틀러가 사라진 후에야 노벨상을 받을 수 있었습니다. 도마크는 1947년, 부테난트는 1949년에 노벨 위원회로부터 상장과 메달만 전달받은 거죠. 노벨 재단의 규약에 따르면 상금 증서의 유효기간이 1년으로 제한돼 있어 상금은 이미 재단의 금고로 귀속되었기 때문입니다.

페로몬과 살충제

살충제는 꿀벌이나 나비 같은 유익한 곤충과 동식물에게도 피해를 주는 등 환경에 나쁜 영향을 미칩니다. 그러나 페로몬을 이용하면 환경에 부담을 주지 않는 살충제를 개발할 수 있어요. 수컷 해충이 분비하는 페로몬을 이용해 알을 낳는 암컷을 포획하거나, 페로몬 감지 능력을 방해하는 약물로 해충들의 짝짓기를 막는 방법 등이 바로 그것입니다.

방사성 추적자를 개발한 게오르크 헤베시

하숙집 비리를 밝혀낸 마술 같은 과학

1943년 노벨 화학상

영국에서 객지 생활을 하던 헝가리의 과학자 게오르크 헤베시는 하숙집 주인이 내놓는 음식들이 의심스러웠습니다. 아무래도 이전에 먹다 남은 음식을 다시 사용하는 기분이 들었던 거죠. 하지만 하숙집 주인은 단호히 부인했습니다. 그런데 얼마 후 헤베시가 증거를 들이밀자 하숙집 주인은 "이건 마술이다!"라고 외치며 자신의 잘못을 인정했어요. 헤베시가 제시한 증거는 과연 무엇이었을까요?

헤베시가 증거로 제시한 건 최초로 사용된 방사성 추적자였습니다. **방사성 추적**은 방사성 동위 원소를 표지로 사용해 물질의 이동 경로를 추적하는 것을 말합니다.

예를 들면 비료의 적정 사용량을 알고 싶을 때 방사성 추적자(방사성 동위 원소를 포함한 화합물)를 비료에 섞어 두면 됩니다. 방사성을 가지고 있는 물질은 방사선원을 조사했을 때 얼마만큼 농작물에 흡수되고 얼마만큼 씻겨 나가는지 알 수 있기 때문이죠. 또한 방사성 추적자를 혈관을 따라 흐르게 하면 혈관계 질환을 진단할 수 있고, 인체의 대사 과정도 추적할 수 있어요.

1885년 8월 1일 헝가리 부다페스트에서 태어난 게오르크 헤베시는 프라이부르크대학에서 박사학위를 받은 후 프리츠 하버 등의 조수를 거쳐 1910년부터 영국 맨체스터대학에서 어니스트 러더퍼드와 함께 연구를 시작했습니다.

당시 러더퍼드는 헤베시에게 상당히 어려운 연구 과제를 맡겼어요. 방사성 납으로부터 라듐 D를 분리하라는 임무가 바로 그것이었죠. 그 두 물질은 다른 점이 거의 없어서 분리하는 것은 애초부터 거의 불가능했습니다. 당시에는 라듐 D가 납의 다른 형태, 즉 방사성 동위 원소 Pb-210이라는 사실을 아무도 몰랐던 거죠. 결국 헤베시는 2년 동안 연구에 매달리다 포기할 수밖에 없었어요.

하지만 헤베시는 그 과정에서 새로운 아이디어를 생각해 냈습니다. 라듐 D를 화학적으로 분리할 수 없다면 납을 녹인 용액을 사용해 그 원소의 이동 경로를 추적하면 된다는 아이디어였어요. 왜냐하면 라듐 D가 자신의 위치를 방사능 신호로 알려 줄 것이기 때문이죠.

그는 방사성 추적자의 첫 시험 대상으로 하숙집의 음식을 떠올렸어요. 귀족 가문에서 부유하게 성장한 헤베시는 당시 하숙집 주인이 내놓는 음식들을 매우 미심쩍어 했습니다. 주인이 식탁에 올리는 고기가 이전에 먹다 남은 음식을 재활용하는 것 같은 의심이 들었던 것이죠.

헤베시는 그에 대해 이의를 제기했지만 하숙집 주인이 단호히 부인하자 방사성 추적자로 그 증거를 찾기로 했어요. 그날 저녁 식사 시간에 헤베시는 자신이 먹다 남긴 고기 위에 준비해 온 물질을 살포했습니다.

이튿날 저녁 식사로 나온 음식에 헤베시가 연구실에서 가져온 방사능 탐지기를 갖다 대자 짐작대로 계수기가 요동치기 시작했어요. 헤베시는 그 증거를 들이대며 하숙집 주인을 몰아세웠고, 자신의 행각이 들통난 주인은 최신 과학 도구에 감탄할 수밖에 없었습니다.

하프늄을 찾아내다

헤베시는 고체 납에서 일어나는 원자의 움직임을 측정하는 등 방사성 추적자 연구를 더욱 발전시켰어요. 이후 부다페스트대학의 물리화학 교수가 된 그는 1919년에 덴마크 코펜하겐연구소의 닐스 보어로부터 초청받아 그곳으로 향했습니다.

헤베시는 여기서 닐스 보어의 제안으로 또 하나 중요한 연구 성과를 일궈 냈어요. 멘델레예프가 일찍이 예언한 **하프늄**의 존재를 밝혀낸 것이죠. 멘델레예프는 1869년 원소주기율표를 제안하면서 지르코늄과 성질이 비슷하면서 질량이 더 큰 원소의 존재를 예언했습니다.

화학자들은 그 원소가 희토류 원소의 하나일 것으로 추정했으나 그 존재를 밝히지 못하고 있었어요. 그런데 닐스 보어는 희토류가 아니라 지르코늄과 비슷한 전이금속일 것이라고 제안한 거죠.

이 제안에 힘입어 헤베시는 네덜란드의 물리학자 디르크 코스터와 함께 1923년에 지르코늄 광석인 지르콘에서 마침내 그 원소를 찾아내고 하프늄으로 명명했어요. 코펜하겐의 라틴 이름 '하프니아'에서 따온 명칭입니다.

원자번호 72번인 하프늄은 중성자를 잘 흡수해 주로 원자로 제어봉에 사용됩니다. 그 외에도 초내열성 특수 합금이나 플라스마 절단 장비 전극, 반도체 칩의 절연체, 내열 재료, 화학 촉매 등으로 요긴하게 사용되고 있어요.

헤베시는 생물학적 과정을 배우기 위해 방사성 동위 원소를 사용한 최초의 과학자이기도 합니다. 그는 토륨 B를 사용해 토양으로부터 흡수된 납의 양이 콩 식물의 다른 부분에서 얼마나 검출되는지 알아낸 연구 결과를 1923년에 발표했어요.

1934년에는 인(P)의 방사성 동위 원소를 만든 후 표지된 방사성 인이 사람과 동물의 혈액 속에서 빠르게 없어지는 것을 발견하는 등 방사성 추적자를 활용한 다양한 생리학적 과정을 연구했습니다. 인은 생물학적 과정에서 매우 중요한 원소인데, 방사성 추적자의 사용으로 살아 있는 유기체에 작용하는 인에 대한 지식을 얻을 수 있게 된 것이죠.

그는 이 같은 동위 원소의 응용에 관한 공헌으로 1943년 노벨 화학상의 단독 수상자로 선정되었습니다.

노벨상 메달 3개를 지켜 내다

1940년 독일군이 덴마크를 침공해 수도 코펜하겐으로 진격해 오자 닐스 보어는 헤베시에게 도움을 청했습니다. 자신의 노벨상 메달(1922년 노벨 물리학상)과 함께 대신 맡아서 보관하고 있던 독일 과학자 막스 폰 라우에(1914년 노벨 물리학상)와 제임스 프랑크(1925년 노벨 물리학상)의 노벨상 메달을 독일군의 눈에 띄지 않게 숨겨 달라고 부탁한 것이죠.

헤베시는 금으로 된 3개의 노벨상 메달을 질산과 염산의 혼합액인 '왕수'에 넣어서 녹이자는 아이디어를 냈어요. 원래 금은 어떤 산에도 잘 녹지 않는 완벽한 금속이지만, 유일하게 왕수에서만 녹기 때문이에요.

메달 3개가 용해되어 노란색 용액만 남은 용기를 실험실 선반 위에 두고 외국으로 탈출한 그들은 제2차 세계대전이 끝난 후 연구실로 돌아와 왕수에 구리 조각을 넣어서 금을 추출했습니다. 그렇게 회생시킨 금을 노벨 재단에 보내 다시 금메달로 만들 수 있었어요.

핵분열 현상을 발견한 오토 한

독일 과학자가 알아낸 원자폭탄의 원리

1944년 노벨 화학상

독일의 과학자 오토 한은 우라늄에 중성자로 충격을 가하면 우라늄 원자핵이 쪼개져 그보다 가벼운 원자핵으로 변한다는 사실을 알아냈습니다. 원자폭탄과 원자력 발전을 가능하게 한 핵분열을 발견한 것이죠. 그런데 오토 한에게 노벨상이 주어지자 과학계에서 논쟁이 벌어졌습니다. 도대체 무슨 사연이 숨어 있는 걸까요?

1934년부터 중성자를 이용해 우라늄을 변환시키는 연구를 하던 오토 한은 도저히 이해할 수 없는 현상을 발견합니다. 초우라늄을 추출하는 과정에서 운반체로 사용했던 바륨과 란탄이 방사성 원소로 변해 버린 것이에요.

우라늄은 자연 붕괴를 하여 초우라늄 원소로 변환되거나 토륨, 라듐 등과 같은 원소로의 변화를 거쳐 방사성 원소로서의 일생을 마칩니다. 따라서 원자핵에 변환이 일어난다 해도 그런 과정의 일환이지, 절반으로 쪼개져 바륨과 란탄으로 변화하리라고는 전혀 예측하지 못했던 거죠.

즉, 그때까지 원자핵이 변한다는 것은 단순히 다른 종류의 원소 입자가 첨가되거나 손실됨으로 인한 작은 질량의 변화에 관한 사례뿐이었습니다. 그런데 오토 한이 발견한 것은 무거운 원자핵이 대체로 같은 크기의 두 부분으로 분리된 사례로서 아주 다른 특성을 보였던 거죠.

그 같은 현상을 도저히 이해할 수 없었던 오토 한은 스웨덴에 있던 연구 동료 리제 마이트너에게 편지를 보냅니다. 오스트리아에서 태어난 여성 물리학자 마이트너와 오토 한이 처음 만난 건 베를린대학에서 매주 열리던 심포지엄에서였습니다.

그 후 1912년 베를린에 카이저-빌헬름연구소가 설립되자 화학부장으로 임명된 오토 한은 마이트너에게 그 연구소로 함께 가자고 권유합니다. 그곳에서 둘은 공동 연구를 진행하게 되죠. 새로운 방사성 동위 원소를 여러 개 발견하는 등 연구는 아주 성공적이었어요.

그러다 제1차 세계대전이 발발하면서 마이트너와 오토 한은 잠시 각자의 길을 걷게 됩니다. 마이트너는 조국인 오스트리아로 돌아가 야전군 병원의 X-선과 간호사로 투입되었으며, 역시 군에 징집된 오토 한은 프리츠 하버 밑에 배속돼 독가스에 관한 연구를 돕게 되죠.

핵분열 가능성을 처음 제기한 마이트너

전쟁이 끝난 후 두 사람은 다시 긴밀한 공동 작업을 해 나갑니다. 오토 한은 1928년에 카이저-빌헬름연구소 소장이 되었으며, 비슷한 무렵에 마이트너도 물리학과 교수가 됩니다. 그러다 마이트너의 제안으로 둘은 1934년부터 중성자를 이용해서 우라늄을 변환시키는 연구에 착수합니다.

그들의 실험은 젊은 화학자 프리츠 슈트라스만까지 가세해 일사천리로 진행됩니다. 그런데 성공을 앞두고 또다시 정치적인 문제가 발생했어요. 1938년에 오스트리아가 독일에 강제로 합병되면서 유대인이던 마이트너의 신변이 위험해진 거죠. 결국 오토 한의 도움을 받아 마이트너는 스웨덴으로 망명했습니다. 이후 혼자 남아 실험하던 오토 한이 이상한 현상을 발견하곤 마이트너에게 도움을 청한 거예요.

카이저-빌헬름연구소 실험실의 리제 마이트너와 오토 한.

마침 스웨덴에서 조카인 오토 프리쉬와 함께 지내던 마이트너는 답장을 통해 우라늄 핵이 분열되었을 가능성을 제기했습니다. 답장을 받은 오토 한은 슈트라스만과 함께 추가 실험을 해 우라늄의 **핵분열**을 증명했으며, 그에 대한 논문을 1938년 12월 독일에서 발간하는 〈자연과학(Die Naturwissenschaften)〉에 게재했습니다.

마이트너 역시 프리쉬와 함께 핵분열 반응의 물리적 특성을 규명한 논문을 1939년 1월 〈네이처〉에 발표했습니다. 거기서 마이트너는 핵분열이란 용어를 최초로 사용합니다. 그 같은 사실은 프리쉬의 스승인 닐스 보어에게 알려져 미국물리학회에 보고됨으로써 마침내 원자폭탄 제조 계획으로 진전됩니다.

공동 연구자를 외면한 노벨 위원회

그런데 노벨 위원회는 마이트너를 제외한 채 오토 한에게만 1944년 노벨 화학상을 수여했습니다. 또한 핵 변화 과정에서 생성되는 새로운 원소를 정확하게 분석하는 등 오토 한을 도와 대부분의 분석을 독자적으로 수행한 슈트라스만 역시 수상자에서 제외된 거죠.

이 때문에 1944년 노벨 화학상은 지금도 수상자 선정과 관련한 논쟁에서 대표 사례로 거론될 만큼 두고두고 말이 많습니다. 특히 핵분열 현상을 최초로 올바르게 인식하고 기술한 마이트너가 제외된 사실에 대해서는 노벨상 심사위원들이 성차별한 것이 아니냐는 의혹이 제기되기까지 했죠.

마이트너의 수상 제외에 대한 또 다른 이유로는 노벨 화학상이었기 때문이라는 설이 있습니다. 화학자들로 구성된 선정위원회가 마이트너의 이론물리학적 공헌을 제대로 이해하지 못하고 오토 한의 실험적 성과만 높이 평가했을 거라는 추측이에요.

그런데 오토 한은 노벨상 수상 연설에서 마이트너와 슈트라스만이 기여한 바를 언급했으며, 상금을 그들에게 나누어 주기도 했습니다. 또한 오토 한은 자신이 발견한 핵분열이 위험한 용도로 사용되는 것을 원치 않은 양심적인 과학자이기도 했습니다. 그는 히틀러에게 핵폭탄을 만들어 주느니 차라리 자살하겠다고 말했을 만큼 반나치주의자였습니다.

당시 핵폭탄에 대한 히틀러의 관심이 덜하기도 했지만, 만약 오토 한이 프리츠 하버만큼 조국의 승리만을 추구하는 과학자였다면 세계 최초로 원자폭탄을 개발한 나라는 미국이 아니라 독일이었을 수도 있습니다. 실제로 오토 한이 저술한《응용 방사화학》이라는 책은 훗날 원자폭탄을 개발한 미국 맨해튼 프로젝트의 바이블이 되었습니다.

마이트너를 기억하는 후대 과학자들

마이트너는 노벨상을 받지 못했지만, 후대의 과학자들마저 그녀를 외면한 것은 아닙니다. 1992년에 새로 발견된 초우라늄 원소는 그녀의 이름을 따서 마이트너륨이라고 명명됐습니다. 또한 금성 분화구에도 마이트너라는 이름이 붙여졌으며, 독일 베를린에는 오토 한-마이트너연구소라는 이름의 핵 연구시설이 세워졌습니다.

모르핀의 비밀 밝힌 로버트 로빈슨

그리스 신화 '꿈의 신' 이름을 딴 아편 성분

1947년 노벨 화학상

1805년 독일의 약제사 프리드리히 제르튀르너는 아편 성분을 분리하는 연구를 하던 중 흰색 결정체를 발견합니다. 그로부터 120년 후 영국의 화학자 로버트 로빈슨은 그 성분의 분자 구조를 알아내 노벨 화학상을 수상합니다. 아편에서 분리한 흰색 결정체의 정체는 과연 무엇일까요?

그 물질의 정체는 바로 인류 역사상 최초의 현대적인 의약품이자 신이 내린 3대 의약품 중 하나인 **모르핀**입니다. 신이 내린 3대 의약품이란 양귀비에서 유래한 진통제 모르핀, 버드나무에서 유래한 해열진통제 아스피린, 그리고 푸른곰팡이에서 얻은 항생제 페니실린을 말해요. 모두 식물이나 세균에서 나오는 물질의 구조 및 특성을 화학적으로 밝힌 의약품이죠.

늦봄에서 초여름 사이에 꽃을 피우는 양귀비의 덜 익은 열매에 상처를 낸 뒤 흘러나오는 희뿌연 액체를 긁어내어 말린 것이 생아편이고, 거기에서 불순물을 제거해 농축시키면 아편이 됩니다. 이 아편의 성분 중 동물에게 독특한 생리작용을 일으키는 알칼로이드 성분이 바로 모르핀이에요.

'식물의 물질'이라는 의미에서 명명된 알칼로이드는 고대부터 의약품으로 사용되었어요. 모르핀 외에도 코카인, 카페인, 니코틴, 퀴닌 등이 모두 알칼로이드 물질입니다.

양귀비에서 흘러나오는 유액. 이것을 긁어모아 건조시킨 것이 생아편이다.

열여섯 살부터 약국 수습생으로 일한 제르튀르너는 여러 유기용매로 아편 성분을 분리하는 실험에 몰두하던 어느 날, 암모니아에 아편을 녹인 후 흰색 결정체를 얻게 됩니다. 그는 결정체를 개와 쥐에게 먹인 결과 그 물질에 수면을 유도하는 효과가 있음을 알아차리죠. 이후 자신을 포함한 몇몇 사람에게 생체 실험을 한 결과, 흰색 결정체가 아편보다 10배 이상의 효과가 있는 핵심 물질임을 확인합니다. 제르튀르너는 그리스 신화에서 '꿈의 신'인 모르페우스를 차용해 '모르핀'이라는 이름을 그 물질에 붙여 줍니다.

제르튀르너는 자신의 연구 결과를 약학회지에 발표했지만, 아무도 관심을 가지지 않았습니다. 그가 정식으로 교육받은 전문가가 아니기 때문이었죠. 그러다 1818년 프랑스의 의사 마장디가 불면증으로 고통받는 뇌동맥류 환자에게 모르핀을 처방하면서부터 서서히 알려지기 시작합니다.

복잡한 분자 구조의 수수께끼를 풀다

모르핀을 상업적으로 대량 생산하기 시작한 건 글로벌 제약 회사 머크의 전신인 천사약국입니다. 1668년 독일의 다름슈타트에서 문을 연 천사약국은 100년 넘게 대를 이어 가며 운영되다가 1816년에 설립자의 후손인 에마뉘엘 머크에게 넘어갑니다.

정규 교육을 받으며 다양한 지식을 갖고 있던 에마뉘엘 머크는 모르핀 제조에 관한 논문을 발표한 후 1827년부터 모르핀의 대량 생산 체제를 갖춥니다. 이때부터 조그마한 가게에 불과하던 천사약국이 제약 및 화학 공장을 지닌 머크 그룹으로의 초석을 다지게 된 거죠.

1850년대에 피하 주사기가 개발되자 모르핀은 훨씬 강하고 빠른 진통 효과를 나타냅니다. 모르핀 덕분에 인간의 고통도 관리 가능한 대상으로 바뀔 수 있었어요.

하지만 모르핀을 포함한 알칼로이드 물질들은 화학적 구조가 매우 복잡해 구조를 밝히는 것이 쉽지 않습니다. 특히 모르핀 분자는 40개의 원자를 지니고 있는데, 이들 각각의 원자는 나머지 원자들에 대해 정확한 위치를 가지고 있을 만큼 매우 복잡해요.

이처럼 복잡한 모르핀 분자 구조의 수수께끼를 풀어낸 이가 로버트 로빈슨입니다. 그는 맨체스터대학의 유기화학 교수로 재직하던 1925년에 대단한 실험적 기술과 날카로운 창의력으로 모르핀 분자 구조를 밝혀냈습니다.

식물이 단일 분자를 만드는 비결은 아미노산

또한 그는 스트리크닌(스트리키닌) 구조의 근본적 특징을 명확하게 밝혀내는 데도 성공했습니다. 마전과 식물의 종자에 함유된 알칼로이드 결정인 스트리크닌은 중추신경 흥분제 등 의학적 효능을 가지지만 많은 양을 사용하게 되면 독성이 매우 강한 독약이 됩니다. 스트리크닌 분자는 모르핀보다 더 많은 47개의 원자를 가지고 있죠.

이 밖에도 로버트 로빈슨은 하르말린, 피조스티그민, 루테카르핀 등 많은 알칼로이드의 연구에 결정적인 공헌을 했어요. 또한 모르핀 외에 파파베린, 나르코틴 등의 분자 배열을 정의하는 데 크게 기여했는데, 이러한 발견은 말라리아 치료제의 성공적인 생산으로 이어졌습니다.

식물에서 얻을 수 있는 알칼로이드 물질 중 모르핀, 니코틴, 스트리크닌 등은 대표적인 단일 분자입니다. 그런데 식물들은 어떻게 이 같은 단일 분자들을 만드는 것일까요? 이에 대해 로빈슨은 단백질에 들어 있는 아미노산이 식물의 단일 분자 생성에 결정적인 영향을 준다는 이론을 제시합니다. 이 이론은 코카인과 밀접하게 관련된 물질인 트로핀 합성으로 증명되었죠.

로버트 로빈슨이 이룬 유기화학적 성과는 생물학과 약학 분야에 많은 영향을 미쳤습니다. 이 같은 업적을 인정받아 그는 1947년 노벨 화학상을 받았습니다.

로빈슨의 유기화학에 관한 광범위한 연구는 많은 유기 물질의 구조 및 합성뿐만 아니라 유기 반응의 전기화학적 메커니즘도 다루었습니다. 유기화학의 선구자로 일컬어지는 그는 국제적인 유기화학 논문지인 〈테트라헤드론〉의 창설자이기도 합니다.

더 알아보기

모르핀과 중독

모르핀은 말기 암 환자의 극심한 통증을 줄여 주는 훌륭한 진통제이지만, 내성이 생겨 같은 효과를 위해선 점점 사용량을 늘려야 하는 단점을 지니고 있습니다. 이 때문에 자주 사용하다 보면 모르핀 중독자가 되기 십상이죠.

모르핀과 같은 마약성 진통제로 인한 중독이 사회적 이슈로 떠오르자 많은 국가가 마약성 진통제의 사용을 제한하고 있습니다. 현재 아편은 마약으로, 모르핀은 마약에 준하는 의약품으로 제한해 사용합니다.

거대분자론을 주장한 헤르만 슈타우딩거

노벨상 수상자도 믿지 않은 플라스틱의 비밀

1953년 노벨 화학상

플라스틱은 내구성이 뛰어난 데다 다양한 형태로 가공하기가 쉬워 등장하자마자 단숨에 사람들의 주목을 받았습니다. 하지만 처음엔 플라스틱이 어떤 이유로 그처럼 뛰어난 특성을 가지게 되는 건지 아무도 몰랐습니다. 그 이유를 알아낸 이가 헤르만 슈타우딩거인데요. 그가 밝혀낸 플라스틱의 비밀은 무엇일까요?

당구가 인기를 끌던 19세기 후반에는 상아로 만드는 당구공의 수요가 폭발하면서 코끼리 밀렵이 성행하고 가격도 폭등했어요. 코끼리의 상아를 대체할 당구공 소재를 찾던 미국의 존 웨슬리 하이엇은 1869년에 우연한 계기로 나이트로셀룰로스와 가소성 물질인 장뇌를 섞으면 매우 단단하면서도 매끄러운 물질이 만들어진다는 사실을 발견했죠.

그는 이 새로운 발명품에 '셀룰로이드'라는 이름을 붙였습니다. 그것이 바로 천연수지로 만든 최초의 **플라스틱**이에요. 하지만 잘 깨져서 당구공으로는 부적합했고 단추, 만년필, 틀니 등의 용도로 사용되었습니다.

1909년 미국의 화학자 베이클랜드는 폼알데하이드와 페놀을 이용해 페놀수지의 합성에 성공했습니다. 그는 이 새로운 플라스틱에 '베이클라이트'라는 이름을 붙여 주었어요. 최초의 인공 합성수지가 탄생한 것이죠. 존 하이엇의 셀룰로이드는 식물 세포막을 이루는 셀룰로스가 원료여서 인공 합성수지로 볼 수는 없었기 때문이에요.

단단하고 절연성이 있으며 부식되지 않는다는 장점을 지닌 베이클라이트로 인해 본격적인 플라스틱 시대가 열렸습니다.

플라스틱이라는 말은 '아무 모양이나 만들 수 있다'는 뜻의 그리스어 '플라스티코스(Plastikos)'에서 유래했습니다. 단어의 뜻처럼 열이나 압력을 가해 원하는 모양을 마음대로 만들 수 있으며, 튼튼하고 가벼울뿐더러 색깔도 마음대로 낼 수 있죠. 잘 썩지 않아 지금은 비록 환경오염의 주범으로 일컬어지지만, 20세기 인류 최고의 발명품으로 꼽힙니다.

주기율 정신에 어긋나는 이론

하지만 그때만 해도 플라스틱이 왜 그처럼 뛰어난 특성을 보이는지 아무도 몰랐습니다. 이를 알아낸 이가 독일의 화학자 헤르만 슈타우딩거입니다. 그는 1922년에 플라스틱이 동일한 분자가 수만 개 이상 이어진 **거대분자**로 이루어진 물질임을 밝혀냈어요.

이처럼 낱개가 아니라 마치 구슬을 실에 꿰어 하나로 연결한 것 같은 고분자 물질은 층층이 쌓을 수도 있고 돌돌 감을 수도 있으니 가공이나 성형이 쉬워질 수밖에 없었던 거죠. 슈타우딩거는 천연고무의 구성 물질인 아이소프렌과 섬유소인 셀룰로스에 대해 연구하다 거대분자에 관한 자신의 이론을 발표했습니다. 셀룰로스는 자연에 존재하는 대표적인 생체 고분자이며, 천연고무는 천연 고분자의 대표적인 물질이에요.

그러나 당시의 어떤 학자도 그가 주장한 거대분자론을 인정하려 들지 않았어요. 심지어 동료이자 1927년 노벨 화학상 수상자인 하인리히 빌란트조차도 "친구여, 고무를 좀 더 잘 정제해 보시게. 그러면 작은 분자 화합물임을 알게 될 거야"라고 빈정거릴 정도였습니다.

사실 당시만 해도 슈타우딩거의 주장은 주기율 정신에 부분적으로 반대되는 이론이었어요. 유기화학 실험 도중 좀처럼 녹지 않거나 불용성의 수지 같은 물질이 종종 얻어지곤 했는데, 그 같은 고분자 물질은 화학 반응에 의해 형성된 것이 아니라 물리적인 응집으로 인해 일어나는 현상으로 여겼던 것입니다. 슈타우딩거의 거대분자론을 인정하려면 화합물 개념을 포함한 개념들과 정의들을 수정해야 했어요.

선구적 연구로 플라스틱 시대 열어

그런데 그의 거대분자론을 활용해 새로운 물질을 합성하는 데 성공하는 사례들이 속속 나타나기 시작했습니다. 대표적인 것이 1933년 영국 ICI사의 연구진이 에틸렌과 벤즈알데하이드를 합성하던 중 발견한 **폴리에틸렌**(PE)과 1937년 미국 듀폰사의 월리스 캐러더스가 만든 **나일론**이에요. 폴리에틸렌은 현재 각종 포장 용기로 널리 쓰이는 플라스틱 중 하나이며, 나일론은 최초의 완전한 합성섬유입니다.

이처럼 거대분자 이론이 기술적으로 증명되자 약 10년간 이어졌던 논쟁은 종지부를 찍습니다. 그리고 슈타우딩거는 고분자 화학을 창시한 업적을 인정받아 1953년 노벨 화학상을 수상합니다.

거대분자론을 인정하지 않는 분위기에서 월리스 캐러더스 등이 그 방식으로 새로운 물질을 발명하게 된 배경에는 사실 슈타우딩거의 끊임없는 연구 발표가 큰 역할을 했습니다. 자신의 견해가 옳다는 생각을 버리지 않았던 슈타우딩거는 1920년 이후 고분자 화합물에 관해 약 500편의 논문을 썼어요. 그중 셀룰로스에 관한 것이 약 120개, 고무 및 아이소프렌에 관한 것이 약 50개나 되었습니다.

현대를 플라스틱 시대라고 지칭할 만큼 플라스틱은 인류의 생활 수준 전반을 향상시켰습니다. 슈타우딩거는 기술을 개발하거나 산업적 발전에 직접 관계하지는 않았지만, 그의 선구적 연구가 없었다면 이러한 진전은 이루어지지 않았을 겁니다.

또한 고분자에 관한 그의 연구는 단백질 등 유기체의 거대분자 구조에 관한 분자생물학의 발전에도 크게 공헌했어요. 생물 물질의 기본 구성 요소인 효소나 DNA, RNA 등도 분자들이 화학 결합으로 길게 연결된 중합체로 만들어져 있기 때문입니다.

나일론의 의미

나일론은 섬유를 만드는 성질의 폴리아마이드계 합성 고분자를 일컫는 일반용어이지만, 사실은 듀폰사가 세계 최초로 합성섬유를 만들어 판매하면서 사용한 상품명이었습니다. 나일론(nylon)의 의미에 대해서는 허무하다는 뜻의 니힐(nihil)과 듀폰(DuPont)의 온(on)을 합성해 만든 이름이라는 설이 가장 널리 알려져 있어요. '허무'라는 단어를 사용한 까닭은 우울증을 앓던 월리스 캐러더스가 나일론 출시 직전에 호텔 방에서 청산가리를 먹고 죽었기 때문입니다.

염기서열 분석법을 개발한 프레더릭 생어

안젤리나 졸리를 살린 천재 화학자

1958년, 1980년 노벨 화학상

세계적인 영화배우 안젤리나 졸리는 지난 2013년 유방 절제술을 받아 화제가 되었습니다. 그녀가 스스로 유방 절제를 선택할 수 있었던 것은 바로 프레더릭 생어가 개발한 유전체 분석 기법 덕분입니다. 세계적인 과학자와 스타의 유방 절제술 간에는 과연 무슨 관련이 있는 걸까요?

제임스 왓슨과 프랜시스 크릭이 DNA의 이중나선 구조를 밝힌 이후 과학자들은 DNA의 염기서열을 분석하는 기술 개발에 매달렸습니다. 그중에서 염기서열을 가장 손쉽게 알아내는 기술을 개발한 이가 바로 영국의 생화학자 프레더릭 생어예요.

그는 DNA 중합효소를 이용해 염기서열을 알아내는 두 가지 특이한 방법을 고안했습니다. 첫 번째는 염기에 방사능 표지를 한 것을 조금 넣은 후 중합 반응(단위체가 2개 이상 결합하여 큰 분자량의 화합물로 되는 일)을 멈추게 하는 방법이었어요. 그렇게 하면 어떤 것은 조금 있다 중합이 끝나고 다른 것은 좀 더 진행한 뒤 끝나는데, 그것을 분석하면 DNA에서 염기의 위치가 드러나 전체 DNA

염기서열을 해독할 수 있는 거죠.

두 번째는 염기에 수산기(-OH)가 없는 분자를 약간 섞어 주는 방법입니다. DNA 중합효소가 DNA를 복제할 때 수산기가 없는 특정 핵산이 끼어들면 끝나는 점을 이용하는 것이죠.

생어는 그 같은 방법으로 DNA 5,386개로 이루어진 바이러스인 '박테리오파지 파이엑스 174'의 게놈을 1977년에 완전히 해독했습니다. 이는 생명체의 유전체를 모두 해독한 최초의 사례예요. 1981년에는 염기 1만 6,569개로 이루어진 인간의 미토콘드리아 게놈을 해독하는 데도 성공합니다.

한 번에 300 염기를 읽을 수 있는 그의 분석법 덕분에 이후 인간의 전체 게놈 정보를 해독할 수 있었는데, 그것이 바로 그 유명한 **인간 게놈 프로젝트**(HGP : Human Genome Project)입니다. 이 프로젝트로 알게 된 유전체 정보는 개인별 맞춤의료에 활용되는데, 안젤리나 졸리도 그런 경우입니다.

졸리의 외할머니와 이모할머니들은 그중 한 명을 제외하고 모두 유방암이나 난소암으로 사망했으며, 졸리의 모친 역시 유방암으로 고생하다 56세의 나이로 세상을 떠났습니다. 이 때문에 졸리는 개인의 DNA 염기서열과 인간 표준 유전체를 분석해 비교하는 기술을 이용해 브라카원(BRCA1) 유전자가 돌연변이를 일으켜 유방암에 걸릴 확률이 87%에 이른다는 진단을 받았던 거죠. 그러니 외할머니와 모친으로 이어져 온 졸리의 유방암 발병을 미리 막을 수 있었던 것은 생어 덕분이라고 할 수 있습니다.

단백질 화학 구조식 최초로 규명해

사실 프랜시스 크릭 등이 DNA가 이중나선 구조임을 밝히는 데 결정적인 힌트를 준 것도 생어였습니다. 생어가 인슐린의 아미노산 배열 순서를 규명한 덕분이었죠.

옛날에 당뇨병은 다리 근육이 녹아서 소변으로 흘러내리는 병으로 알려져 있었어요. 당뇨병에 걸리면 다리가 점점 얇아지면서 소변의 양이 많아지기 때문이었죠. 그 이유는 소변에 당이 섞여 나오기 때문인데, 췌장에서 생산되는 인슐린의 분비나 기능 장애로 이 같은 현상이 나타납니다.

즉, 음식이 몸에 들어오면 당을 흡수해 혈당을 낮추도록 하는 것이 인슐린의 역할인데, 인슐린이 제대로 기능하지 못하니 당뇨병에 걸리는 겁니다. 그런데 1921년에 프레더릭 밴팅과 찰스 베스트가 개의 췌장에서 인슐린을 추출하는 데 성공함으로써 소나 돼지 등 동물의 인슐린을 사용해 당뇨병 환자들을 치료할 수 있게 되었어요.

하지만 동물에서 추출한 인슐린은 사람의 인슐린과 아미노산 구조가 달라서 부작용 등의 문제가 발생했습니다. 그런 와중에 생어가 1955년에 소의 인슐린 구조를 알아내는 데 성공한 거죠.

그는 아미노산에 상대적으로 잘 결합하는 염료 시약을 사용해 사슬 하나에 있는 31개의 아미노산과 다른 사슬에 있는 20개 아미노산의 서열을 밝혀냈습니다. 또한 두 사슬은 이황화 결합으로 연결되어 인슐린 분자를 형성하고 있다는 사실도 알아냈죠.

노벨 화학상 2회 수상

단백질 중 최초로 구조식이 밝혀진 게 바로 인슐린이었어요. 인슐린은 51개의 아미노산으로 이루어진 단백질인데, 소의 인슐린은 사람 인슐린의 아미노산 구조와 48개는 동일하고 3개는 달랐습니다. 프랜시스 크릭은 이 연구에서 DNA의 이중나선 구조에 대한 영감을 얻은 것으로 알려져 있어요.

그 후 유전자 재조합 방식을 이용한 인간 인슐린이 개발되면서 대량 생산이 가능해졌고, 이로써 동물 인슐린과 관련된 부작용 문제를 해결할 수 있었습니다. 생어는 인슐린의 아미노산 배열을 알아낸 업적으로 1955년 노벨 화학상을 수상했으며, 1980년에는 DNA 염기서열을 분석하는 기술 개발, 즉 DNA와 RNA 분자의 뉴클레오타이드 서열을 결정하는 방법을 개발한 공로로 역시 노벨 화학상을 받았습니다.

지금까지 노벨상을 2회 수상한 사람은 프레더릭 생어를 포함해 단 네 명뿐입니다. 마리 퀴리가 방사능 연구로 1903년 물리학상, 1911년 화학상을 받았으며, 라이너스 폴링은 화학 결합 연구로 1954년 화학상, 반핵운동으로 1962년 평화상을 수상했어요. 그리고 존 바딘이 트랜지스터 개발로 1956년 물리학상, 초전도 이론 정립으로 1972년 물리학상을 받았죠. 노벨 화학상을 2회 수상한 것은 생어가 유일합니다.

아름다운 은퇴를 선택한 프레더릭 생어

정원을 가꾸는 것이 가장 큰 취미였던 생어는 대부분의 유명 과학자와는 달리 1983년에 65세의 나이로 은퇴해 연구를 그만두었습니다. 그때 영국 왕실에서 기사 작위를 내리려 했으나 정중히 거절했죠.

그 후 영국에는 그의 이름을 딴 생어연구소가 설립돼 세계에서 가장 저명한 유전체학 연구센터가 되었습니다. 인간 게놈 프로젝트를 주도해 인간 DNA의 3분의 1을 해독한 곳이 바로 생어연구소예요.

젊은 과학자를 위해 자신의 연구 공간을 내주고 기꺼이 은퇴를 선택한 프레더릭 생어는 2013년 11월 19일 95세의 나이에 노환으로 조용히 숨을 거두었습니다.

연대 측정법을 개발한 윌러드 리비

사해문서의 정확한 연대를 밝힌 비결은?

1960년 노벨 화학상

기존에 알려진 것보다 1,000년 이상 오래된 구약성서 등의 필사본인 사해문서가 발견되자 고대 유대인 세계 연구에 혁명이 일어났습니다. 그런데 사해문서의 진품 여부를 두고 논쟁이 벌어졌고, 사해문서의 연대를 밝혀 논쟁을 종식시킨 이가 윌러드 리비였어요. 그는 과연 어떤 방법으로 사해문서의 정확한 연대를 알아냈을까요?

1947년 봄, 베두인족의 목동 3명은 잃어버린 염소를 찾아 사해의 북서쪽 해안 쿰란 지역의 절벽을 헤매고 다녔습니다. 사해는 이스라엘과 요르단에 걸쳐 있는 소금 호수로서, 생물이 살지 못할 만큼 염도가 높아 사해라는 이름이 붙었어요.

한 동굴의 입구에 다다른 목동들은 그 속으로 돌을 던졌어요. 염소가 있는지 확인하기 위해서였죠. 하지만 들린 것은 염소 울음소리가 아니라 그릇이 깨지는 소리였어요. 입구를 막고 있던 돌을 치우고 동굴 안으로 들어간 목동들은 두루마리가 가득한 항아리를 발견했습니다.

양피지와 파피루스 등으로 제작된 그 두루마리에는 히브리어

사해문서의 일부.

가 잔뜩 적혀 있었어요. 세기의 발견으로 일컬어지는 '사해문서'가 현대 사회에 처음 모습을 드러내는 순간이었죠.

그 두루마리들 속에는 구약성서인 이사야서 전권을 비롯해 공동체 규율서, 감사 찬송집, 창세기 외경 등이 기록되어 있었어요. 주변 동굴까지 대대적인 탐사를 한 결과 900여 개에 이르는 문서들이 발견됐습니다.

그때까지만 해도 히브리어 구약성서 중 가장 오래된 사본은 9~10세기에 만들어진 것뿐이었으나 사해문서는 초기 유대교 시대에 작성된 것으로 추정됐어요. 그런데 학자들 사이에서 사해문서의 진품 여부를 두고 논쟁이 일었습니다. 보관 상태가 너무 양호하다는 게 그 이유 중 하나였죠.

하지만 그 같은 논쟁은 당시 새롭게 등장한 연대 측정법에 의해 종식될 수 있었습니다. 1951년 미국 시카고대학의 화학과 윌러드 프랭크 리비 교수가 쿰란 제1동굴에서 발견된 두루마리의 연대를 측정한 결과, B.C. 168년에서부터 A.D. 233년 사이라는 결론을 내린 거죠.

단 하나의 발견이 낳은 큰 파급 효과

그가 사용한 연대 측정법은 바로 자신이 1946년에 개발한 **방사성 탄소 연대 측정법**이었어요. 고고학을 비롯해 지질학, 지구물리학 등에서 거의 필수적인 연대 측정법으로 이용되고 있는 이 측정법을 개발한 공로로 그는 1960년 노벨 화학상을 수상했습니다.

흔히 노벨상을 탄 과학 분야는 일반인이 이해하기 힘든 경우가 많지만, 리비가 개발한 연대 측정법은 원리가 매우 단순한 것이 특징이에요. 그럼에도 그 파급 효과는 매우 커서, 그를 노벨상 후보로 추천했던 과학자 중 한 명은 다음과 같은 말로 그의 업적을 평했어요.

"화학에서 단 하나의 발견으로 인간이 연구하는 많은 분야에 그처럼 큰 파급 효과를 준 적은 거의 없었다. 단 하나의 발견이 이만큼 공공의 이익을 널리 초래한 적도 거의 없다."

대기 중의 이산화탄소는 세 가지 유형의 탄소를 함유하고 있습니다. 질량수가 12인 C-12가 98.89%, 질량수 13인 C-13이 1.11%, 그리고 나머지는 질량수 14인 C-14이에요. C-14의 비율을 표시하지 않은 것은 그 수가 너무 적기 때문입니다. C-12와

C-13이 모두 합쳐 총 1조 개가 있어야 C-14가 겨우 1개 있을 정도죠. 그럼에도 이 비율은 항상 일정해요.

모든 동식물, 즉 살아 있는 모든 유기체는 광합성이나 호흡 또는 먹이사슬을 통해 이산화탄소를 흡수하므로 그들이 가지고 있는 세 가지 유형의 탄소 비율 역시 항상 일정합니다. 그런데 생물체가 죽는 순간부터 이 비율은 깨지기 시작해요. 비방사성인 C-12와 C-13은 그대로 남아 있지만, 방사성 탄소인 C-14는 오랜 시간에 걸쳐 일정한 속도로 붕괴되기 때문이죠.

예를 들어 유기체가 살아 있을 때 C-14가 100개 있었다면 죽은 지 5,730년이 지난 후에는 50개가 되고, 다시 5,730년이 흐른 뒤에는 그 절반인 25개가 됩니다. C-14가 붕괴되는 속도는 항상 일정하므로, 유기체의 유물에 남아 있는 C-14 대 C-12, C-13의 비율을 정확히 측정하면 그 유기체가 언제 죽었는지 알 수 있는 거예요.

살아 있었던 물질이라면 무엇이든 가능해

윌러드 리비는 1941년부터 맨해튼 프로젝트에 참여해 원자폭탄을 만드는 데 필요한 우라늄 동위 원소의 분리법을 개발했어요. 이때 그는 방사성이 과거의 연대를 측정하는 데 큰 도움이 된다는 사실을 깨닫고 C-14를 이용한 연대 측정법을 개발하게 되었습니다.

C-14 탄소 연대 측정법은 나무나 석탄, 천, 뼈, 조개껍데기 등 일단 한 번 살아 있었던 물질이라면 무엇이든 그 연대를 정확히 측정할 수 있어요. 그는 이 정확한 방법으로 이집트의 무덤에서 발견된 숯과 나무를 측정해 그 무덤들이 언제 건축되었는지를 밝혔습니다.

또한 1만 1,000년 전 북유럽과 북미의 마지막 빙하시대가 동시에 상당히 넓게 퍼져 있었다는 것을 증명했으며, 프랑스 남쪽 지방에서 빙하시대 도래 이전 동굴 속에 살던 혈거인들의 유물이 1만 5,000년이나 되었다는 사실을 밝혀내기도 했어요.

하지만 그의 탄소 연대 측정법에는 단점이 있었어요. C-14의 반감기는 5,730년이므로 10번의 반감기가 지날 경우 잔량이 0.1% 미만으로 떨어져서 측정 시료를 찾기가 어려워지죠. 따라서 처음 개발 당시 탄소 연대 측정법은 약 6만 년까지의 연대만 측정할 수 있었어요.

또한 C-14 탄소 연대 측정법은 1회 측정에 수 그램의 탄소 시료를 사용해야 해요. 그런데 문화재의 경우 대부분 매우 귀중한데, 연대 측정을 위해 시료를 그만큼 떼어 내기가 쉽지 않죠.

그 같은 문제점들은 1970년대 후반에 등장한 가속기 질량 분석기에 의해 모두 해결됐습니다. 가속기 질량 분석기는 시료 속의 탄소 원자를 이온화시킨 후 입자가속기로 가속해 탄소 동위 원소를 분석해요.

따라서 불과 0.001그램의 탄소 시료로도 정확한 연대 측정을 할 수 있어 귀중한 문화재에서 떼어 내야 할 시료 역시 그만큼 부담이 적어졌어요. 또한 오차를 보정하는 다양한 기법이 발전함으로써 약 6만 년이라는 한도를 넘어 매우 오래전의 연대까지 밝힐 수 있게 됐습니다.

백두산 폭발 시기와 C-14

역사상 가장 큰 규모의 화산 폭발 중 하나였던 백두산의 정확한 분화 시기도 C-14 탄소 연대 측정법에 의해 밝혀졌습니다. 지난 2017년 국제 공동 연구팀은 백두산 부근에서 용암에 뒤덮여 죽은 잎갈나무를 찾아내 분석한 결과 외피에서 172번째 되는 나이테에 C-14가 매우 높게 나타났다는 사실을 알아냈습니다. 그것은 서기 774년에 일어난 초신성 폭발의 흔적이었는데, 그로부터 172번째 되는 해에 죽었으니 백두산의 화산 폭발은 서기 946년에 일어났다는 결론이 나온 겁니다.

PCR을 개발한 캐리 멀리스

과학계의 이단아가 만든 공룡 복제 기술

1993년 노벨 화학상

1993년 여름에 개봉된 〈쥬라기 공원〉은 스티븐 스필버그 감독의 SF 영화로서 전 세계적으로 폭발적인 흥행을 기록했습니다. 그런데 바로 그해 가을, 이 영화에서 소개된 과학 기술로 미국의 캐리 멀리스가 노벨 화학상을 받아 화제가 되었어요. 〈쥬라기 공원〉에서 소개된 과학 기술이 과연 무엇이기에 노벨상을 받은 걸까요?

영화 속에서 과학자들은 공룡의 피를 빨아 먹은 모기의 화석에서 추출한 DNA를 증폭해 멸종한 공룡을 부활시켰습니다. 이때 공룡 DNA의 각 부분을 증폭하는 기술이 바로 캐리 멀리스가 개발한 **중합효소 연쇄 반응**(PCR : Polymerase Chain Reaction) **기법**이에요.

PCR은 DNA의 양이 아주 적어도 원하는 특정 부분을 수만~수십만 배로 증폭할 수 있는 생명공학 기술입니다. 또한 증폭에 걸리는 시간도 2시간 정도로 짧을 뿐만 아니라 단순한 장비로 간단히 사용할 수 있다는 장점이 있어서 20세기 후반 최고의 생명과학 기술 중 하나로 꼽히죠.

이 기술 덕분에 DNA를 인위적으로 잘라 내고 붙이는 유전자

재조합 기술이 비로소 실용화될 수 있었으며, 인간 유전체 전체를 해독한 인간 게놈 프로젝트도 가능했습니다. 그 밖에도 PCR은 범죄자를 잡는 과학수사나 친자 감별 등 다양한 분야에서 활용되고 있어요.

캐리 멀리스는 박사학위를 취득할 때까지만 해도 DNA 분야에 대해 별 관심이 없었어요. 오히려 그의 관심을 끈 과목은 천체물리학입니다. 그래서 1968년 〈네이처〉에 발표한 그의 첫 번째 논문 역시 천체물리학에 관한 가설을 다룬 것이었죠.

그가 인체생물학에 대해 공부를 시작한 건 박사학위를 마친 후 일하게 된 캔자스 의과대학 시절부터였습니다. 이후 샌프란시스코 캘리포니아대학에서 쥐의 뇌와 관련한 연구를 진행하던 중 DNA 연구를 결심하고 1979년 생명공학 회사였던 시터스의 연구원으로 입사합니다.

거기서 본격적으로 DNA 관련 연구에 몰입한 그는 역발상적인 방법으로 PCR을 개발합니다. 기존에는 유전자를 연구하기 위해 자신이 원하는 특정 유전자의 DNA를 골라내는 방법을 사용해야 했어요. 하지만 이 방법으로는 제대로 유전자를 연구하는 것이 불가능했어요.

사람의 유전체는 약 30억 쌍의 DNA로 이루어져 있을 만큼 숫자가 많은 데 비해 자신이 원하는 특정 유전자의 DNA는 찾기 힘들뿐더러 어렵게 찾더라도 그 양이 너무 적기 때문이죠. 그런데 멀리스는 유전체에서 특정 DNA를 분리해 내는 방법이 아니라 그와 반대로 전체 유전체 중에서 특정 DNA 부분만을 증폭시키는 역발상적인 방법을 구상한 것입니다.

역발상적인 아이디어로 PCR 개발

시터스에 입사한 지 4년 만에 PCR에 관한 이론을 고안한 멀리스는 그로부터 2년 후 PCR 논문을 완성했어요. 하지만 그의 논문은 〈사이언스〉를 비롯해 기타 유명 과학 저널로부터 거절당했습니다. 우여곡절 끝에 1987년에서야 그는 논문을 발표할 수 있었는데, 이후 〈사이언스〉마저 그의 논문을 극찬할 만큼 많은 호평이 이어졌어요.

사실 멀리스가 처음 고안한 방법에는 단점이 하나 있었어요. PCR로 DNA를 합성하기 위해서는 온도를 최고 94℃까지 올려야 하는데, 대부분의 단백질은 그 같은 온도에서 성질이 변해 고유 기능을 잃게 됩니다. 이 때문에 한 번의 단계를 거칠 때마다 매번 중합효소를 새로이 넣어 주어야 했죠.

이런 문제점은 일본인 미생물학자 사이키가 발견한 Taq 중합효소에 의해 해결될 수 있었습니다. 사이키는 뜨거운 온천물에서도 생존하는 호열성 세균인 '테르무스 아쿠아티쿠스'의 단백질에서 높은 온도에서도 기능을 발휘하는 Taq 중합효소를 분리해 냈어요.

이후 수많은 연구실에서 PCR을 사용하기 시작했으며, 캐리 멀리스는 이 공로를 인정받아 DNA 돌연변이 유발법을 개발한 마이클 스미스와 공동으로 1993년 노벨 화학상을 수상했습니다. PCR은 과학 이론적 업적이 아닌 기술 업적으로 노벨 화학상을 받은 최초의 사례로 기록됐어요.

그런데 노벨상을 수상할 당시 멀리스는 무직 상태였습니다. 그는 PCR 기법의 개발 직후 다른 회사로 이직했다가 거기마저 사퇴하고 여러 핵산 관련 회사에 자문을 하는 프리랜서가 되었어요. 또한 그는 엘비스 프레슬리처럼 사망한 유명인의 증폭된 DNA가 들어 있는 보석을 판매하는 사업을 하기도 했죠.

기이한 행동으로 사람들을 놀라게 한 괴짜 과학자

이 같은 멀리스의 행적을 이해하기 위해선 괴짜이자 이단아적인 그의 기질을 알아야 합니다. 그는 자신이 PCR을 개발하게 된 까닭에 대해 "시터스에서 만나 결혼하게 된 세 번째 아내의 관심을 끌기 위해서"라고 공공연히 밝히고 다녔어요.

대학에 다닐 때도 멀리스는 말썽만 피우는 이단아였어요. 환각제 LSD 복용자인 그는 실험실에서 LSD를 합성하기도 했는데, 자신이 환각 상태에 빠진 덕분에 PCR을 개발하는 아이디어를 얻을 수 있었다고 말했습니다.

불과 두 편의 논문만으로 노벨상을 수상한 멀리스는 노벨상 수상 이후 단 한 편의 논문도 발표하지 않은 과학자로도 유명해요. 그 밖에도 그는 알몸으로 서핑을 타는가 하면 과학자로서는 내뱉기 힘든 상식 밖의 주장을 전개해 사람들을 놀라게 하는 특기를 갖고 있었어요.

예를 들면 HIV가 에이즈를 발생시키는 주된 원인이 아니라거나 이산화탄소가 지구온난화의 주범이 아니라고 주장했죠. 이후에도 그가 간혹 언론에 등장한 것은 새로운 연구가 아니라 그의 기이한 행적과 주장들이 전해질 때뿐이었어요. 어쩌면 PCR 기법을 만든 일등 공신은 그의 이 같은 이단아적 기질과 그것마저 포용하는 사회 분위기였는지도 모릅니다.

공룡 복원 가능할까

영화 <쥬라기 공원>에서는 호박 속에 갇힌 모기에서 추출한 공룡 DNA를 증폭시킨 다음 불완전한 부분을 양서류의 DNA와 결합해 공룡을 만듭니다. 하지만 공룡이 멸종한 지 너무 오래되어 원래 형태의 DNA를 얻기란 불가능합니다. 또한 불완전한 부분을 양서류의 것으로 채우게 되면 공룡을 복제할 수 없습니다. 설사 완벽한 공룡 DNA를 얻는다고 해도 공룡을 복제하기 위해서는 동종의 난자, 즉 공룡알이 필요합니다. 따라서 공룡 복원은 현재의 과학 기술로서는 사실상 불가능합니다.

오존층 붕괴를 막은 파울 크뤼천

지구의 천연 자외선 차단제를 지켜라!

1995년 노벨 화학상

1980년대에는 헤어스프레이와 무스로 머리를 빳빳하게 고정한 헤어스타일이 인기를 끌었습니다. 그런데 이 같은 제품이 오존층을 파괴시킨다는 사실이 밝혀지면서 사용이 급격히 줄어들게 되었죠. 오존층이란 과연 무엇이며, 이 제품들과 오존층의 파괴에는 무슨 관련이 있는 걸까요?

오존은 산소 원자 3개로 이뤄진 산소 동소체로서, 비릿한 냄새가 나는 특징을 지닙니다. 어원이 '냄새를 맡다'라는 뜻의 그리스어 'ozein'인 것도 바로 그 특유의 냄새 때문이죠. 대기 중 오존의 90% 이상은 지상 10~50km에 있는 성층권에 밀집돼 얇은 막을 이루고 있어요.

그런데 그 막은 지구의 천연 자외선 차단제와 같은 역할을 합니다. 태양 광선의 자외선 95~99%를 흡수하기 때문이에요. 만약 오존층이 없다면 강력한 자외선이 지표까지 도달해 피부암이나 백내장 등을 일으키고, 남극과 북극의 얼음이 녹아 해수면이 높아져 기후변화를 더욱 부채질하게 될 거예요.

하지만 오존이 좋은 역할만 하는 것은 아닙니다. 지상 10km 이내의 대류권에 존재하는 나머지 10%의 오존이 문제예요. 오존 농도가 높아지면 마스크를 써도 미세먼지처럼 체내로 들어오는 것을 막을 수 없어요. 따라서 오존 경보가 발령되면 건강한 사람도 외출을 피하는 것이 좋습니다.

오존 농도가 0.5ppm/h 이상이면 중대경보가 발령되는데, 이 때는 차량 운행 제한 및 오염 물질 배출사업장 운영 중단 등의 조치가 내려져요. 지표면의 오존은 성층권에서 내려온 게 아니라 자동차 배기가스의 주성분인 질소산화물 등이 산소 원자와 결합하면서 만들어지기 때문입니다.

이 같은 대류권 오존의 생성 원인을 밝힌 과학자가 바로 네덜란드의 과학자 파울 크뤼천이에요. 그는 성층권 오존의 광화학에 관한 논문으로 1968년에 스톡홀름대학에서 기상학 박사학위를 받았어요.

1970년에는 질소산화물이 오존에 파괴적인 영향을 미친다는 내용의 논문을 영국 왕립기상학회에서 발행하는 학술지에 발표했습니다. 특히 그는 초음속 비행기가 배출하는 질소산화물이 성층권의 오존을 파괴하는 것에 주목했죠.

성층권의 오존을 파괴시키는 주범은?

당시 과학계는 그의 연구를 지지하지 않았지만, 그는 굴하지 않고 자신의 연구를 이어 갔어요. 그는 성층권에서의 오존 문제뿐만 아니라 대류권의 오존 문제도 연구해 화석연료를 태우면 발생하는 일산화질소나 이산화질소가 오존에 미치는 영향을 알아냈습니다.

이에 영향을 받아 1974년 미국의 화학자 롤런드와 몰리나는 매우 주목할 만한 연구 결과를 〈네이처〉에 발표했어요. 염화불화탄소, 즉 냉장고나 에어컨, 헤어스프레이 등에 주로 썼던 프레온 가스가 성층권의 오존을 대량으로 파괴시킨다는 내용이었어요. 그러자 크뤼천은 프레온을 계속해서 사용할 경우 성층권 오존의 약 40%가 파괴될 것이라고 주장했습니다.

그러나 프레온 가스를 사용하는 산업계에서는 이들의 연구가 잘못되었다며 반대하는 입장을 표방했어요. 일부 화학자들도 프레온 가스가 땅 위에서는 비활성이므로 오존층을 파괴하지 않는다며 크뤼천의 주장을 받아들이지 않았어요.

그런데 1985년 남극 대륙 상공의 오존층에 발생한 구멍이 영국 남극조사단에 의해 발견됨으로써 이들의 연구는 사실로 입증됐습니다. 인공적인 염소 화합물이 성층권의 오존을 파괴한다는 사실이 명백해지자 유엔 회원국은 1989년 1월에 발효한 **몬트리**

올 의정서를 통해 프레온 가스 사용을 금지했어요.

성층권에서 질소산화물을 방출하는 초음속 비행기를 비롯해 하층 대기에 질소산화물을 방출하는 자동차 및 연소 공장, 그리고 프레온 가스를 내뿜는 냉장고와 에어컨 등은 모두 현대 기술의 산물입니다. 인간의 이 같은 대규모적 행동이 대기의 오존층에 미치는 부정적인 결과를 명쾌히 설명한 공로로 크뤼천을 비롯해 몰리나, 롤런드는 1995년 노벨 화학상을 공동으로 수상했어요.

현재를 인류세라고 부르자고 주장해

몬트리올 의정서 발효 이후 대부분의 국가들은 단계적으로 염화불화탄소의 생산을 중단했으나 이미 방출된 양이 엄청나 그 효과가 나타나려면 수십 년이라는 시간이 흘러야 할 것으로 예상됩니다.

2023년 1월에 세계기상기구가 유엔환경계획 등과 공동으로 작성한 보고서에 의하면, 북극 지역의 오존층은 2045년, 그리고 남극의 오존층은 2066년이 되어야 1980년 수준으로 회복될 것으로 보입니다. 또한 오존층이 회복되면서 지구 기온 상승을 0.5~1℃ 정도 억제하는 효과가 나타난 것으로 평가되었습니다.

한편, 크뤼천은 **인류세**라는 용어를 공론화시킨 인물로도 유명합니다. 그는 2000년에 열린 국제지권생물권계획 회의에서 현재의 지질시대를 인류세로 부르자고 제안했습니다. 인류세란 인류가 지구 기후 및 생태계를 변화시켜 만들어진 새로운 지질시대를 뜻해요.

인류세를 대표하는 물질로는 화학비료의 주성분인 질소, 방사성 물질인 플루토늄, 그리고 플라스틱, 알루미늄 금속, 닭 뼈 등이 꼽힙니다. 이 같은 물질들이 지구의 지질 기록에 남는 지질학적 물질이 되어 가고 있다는 거죠. 특히 닭 뼈가 꼽힌 이유는 우리가 치킨으로 먹고 버린 뼈가 썩지 않고 화석처럼 남아서 나중에 외계인이 보면 닭이 지배한 행성으로 볼 수 있어서라고 합니다.

지질시대의 단위

지구의 46억 년 역사는 가장 큰 단위인 누대부터 차례로 더 작은 단위인 대, 기, 세, 절로 나뉩니다. 공식적으로 현시점은 현생누대 신생대 제4기 홀로세 메갈라야절이에요. 공룡 등 파충류가 번성한 시기는 중생대이며, 신생대는 포유류가 번성한 시기예요. 홀로세가 시작된 시기는 1만 1,700년 전 플라이스토세 빙하기가 끝난 이후부터인데, 크뤼천은 대기 중 이산화탄소 농도나 토양 속 질소 함량 등이 홀로세의 관측 범위를 벗어나고 있다며 인류세를 홀로세 다음의 지질시대로 설정할 것을 주장했습니다.

PART 3

노벨도 깜짝 놀랄 생리의학 이야기

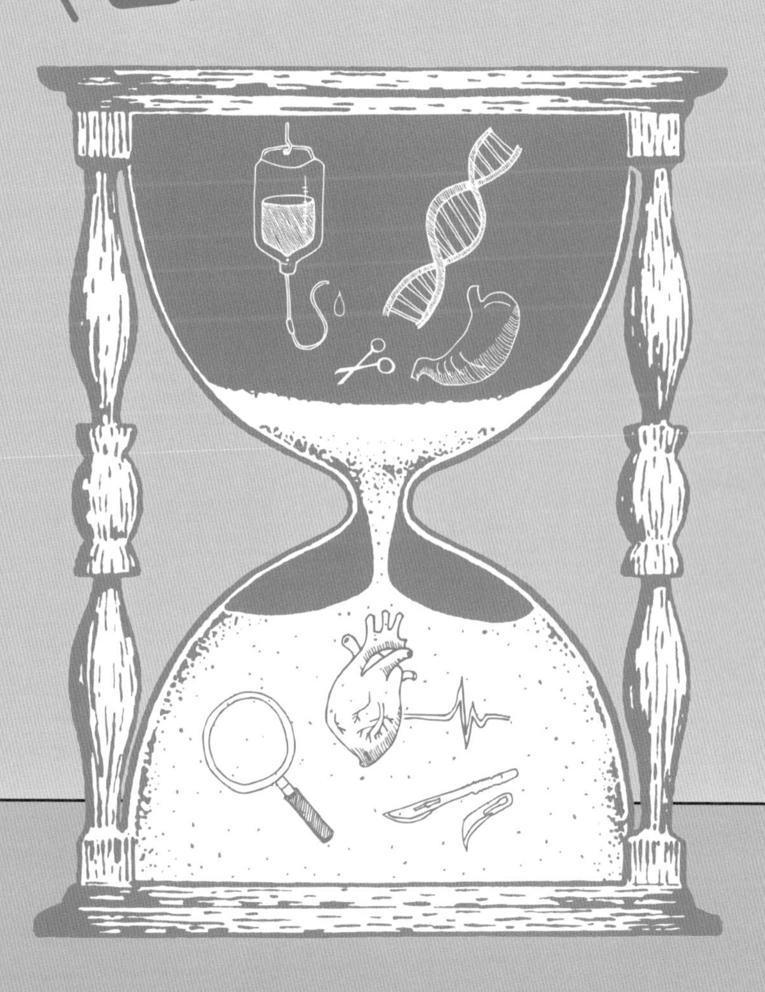

말라리아의 비밀을 밝힌 로널드 로스

지구상에서 가장 위험한 동물의 정체를 알아내다

1902년 노벨 생리의학상

고대 로마의 인근에는 습지가 많아 모기가 살기 좋은 최적의 지역이었어요. 그 때문에 말라리아에 걸려 죽는 이들도 많았지요. 당시 말라리아가 유행하면 사람들은 '아브라카다브라'라고 적힌 부적을 몸에 지니고 다녔어요. 그들은 왜 이런 부적을 만든 걸까요?

맞아요. 걸그룹 브라운아이드걸스가 2009년에 불러서 히트시킨 노래의 제목이 〈아브라카다브라(Abracadabra)〉죠. 이 말은 고대 히브리어로서, '말하는 대로 이루어지리라'라는 뜻이 있어요. 의미가 그렇다 보니 마법사의 주문이나 갑자기 발생하는 역병을 다스리기 위한 주문으로 흔히 사용되었습니다.

요즘은 말라리아가 모기에 의해 전파된다는 사실을 모르는 이가 거의 없지만, 고대 로마인들은 그런 사실을 알 턱이 없었으니 아브라카다브라가 적힌 부적으로 말라리아에 맞선 거예요.

모기의 부화나 말라리아 원충의 발육은 습도가 높은 열대성 기후에서 잘 일어나므로 옛날에는 습한 지역의 나쁜 공기가 말라리아를 일으킨다고 생각했습니다. 사실 말라리아라는 용어 자체도 나쁘다는 뜻의 'mal'과 공기란 의미의 'aria'라는 이탈리아어가 합쳐진 말이에요.

역사상 가장 넓은 땅을 정복한 칭기즈 칸과 알렉산더 대왕의 죽음에는 공통점이 있습니다. 둘 다 전쟁터에서 귀환하던 중 외지에서 죽었다는 점이죠. 또 하나의 공통점은 그들의 사인(死因)이에요. 정확한 것은 밝혀지지 않았지만 둘 다 모기 때문에 죽었다는 가설이 가장 유력해요. 바로 말라리아죠.

2014년에 빌&멀린다게이츠재단은 세계보건기구(WHO) 통계 자료를 근거로 지구상에서 가장 위험한 동물 순위를 발표했습니다. 3위는 매년 5만 명의 사람을 물어 죽이는 뱀이며, 2위는 인간입니다. 테러, 전쟁, 살인사건 등으로 매년 47만여 명이 사망해요. 1위가 바로 모기입니다. 매년 모기에 물려 죽는 사람은 72만여 명에 달해요. 모기는 말라리아뿐만 아니라 뎅기열, 황열, 일본뇌염, 사상충 등의 치명적인 질병을 인간에게 전파하죠.

세계보건기구에 의하면 2022년에 전 세계에서 2억 4,900만 명의 말라리아 환자가 발생했으며, 그중 61만여 명이 사망했습니다. 또한 말라리아 환자의 94%가 아프리카에서 발생하며, 그 지역에서 사망한 말라리아 환자 5명 중 4명은 5세 미만의 어린이로 추정된다고 해요.

모기 위벽 세포에서 발견한 검은 알갱이

질병이 세균에 의해 발생한다는 사실이 밝혀진 후에도 모기가 말라리아를 전파한다는 사실은 상상조차 못 했습니다. 이를 최초로 밝혀낸 이가 영국의 군의관 로널드 로스예요.

히말라야산맥 부근에서 인도 국경수비대의 영국 장군 아들로 태어난 그는 영국에서 의과대학을 나온 후 다시 인도로 건너가 군의관이 되었습니다. 그러다 1880년에 프랑스의 외과의사인 알퐁스 라브랑이 알제리에서 말라리아 원충을 발견했다는 소식을 우연히 전해 들어요.

자신이 근무하던 인도에도 말라리아 환자가 많았던 탓에 로스는 1892년부터 시간이 날 때마다 말라리아와 관련한 연구를 하기 시작합니다. 그는 말라리아에 걸린 환자들을 일부러 모기에 물리게 한 후 말라리아 원충이 모기의 위장에서도 자라는지를 조사했어요.

몇 년간 이어진 연구에도 불구하고 로스는 번번이 실패할 수밖에 없었습니다. 수많은 종류의 모기 중 단 하나만이 말라리아를 옮긴다는 사실을 모르고 있었기 때문이에요. 그러던 어느 날 그는 기적처럼 한 모기의 위벽 세포에서 말라리아 원충처럼 보이는 검은 알갱이들을 발견했어요.

얼룩날개모기(Anopheles spp.)라는 새로운 종류의 모기에서였죠. 로스는 그 연구 결과를 〈영국 의학 저널(British Medical Journal)〉에 보냈어요. 당시 그는 그것이 인간 말라리아 원충의 진화된 형태라고 생각했어요. 이제는 그것이 인간과 어떤 관련이 있는지를 연구할 차례였습니다.

하지만 로스는 더 이상 사람들을 대상으로 한 말라리아 연구를 계속할 수 없게 됩니다. 본국으로부터 전임 명령을 받았던 거예요. 그때부터 그는 조류를 연구 대상으로 삼았어요. 새들 역시 말라리아에 걸리기 때문이죠.

종달새를 가둔 새장 속에 회색모기를 풀어놓고 연구하던 그는 조류의 말라리아 원충도 모기의 위장 속에서 자란다는 사실을 알아냈어요. 그리고 그것이 모기의 체강으로 빠져나와 타액선에 축적됨으로써 말라리아를 전파한다는 사실을 밝혀내는 데에도 성공합니다.

노벨상을 세 번이나 받게 만든 질병

로스의 연구 결과가 알려지고 곧이어 이탈리아의 조반니 그라시 박사에 의해 인간의 말라리아 역시 모기를 통해 옮겨진다는 사실이 밝혀졌어요. 로널드 로스는 이 공로로 1902년 노벨 생리의학상을 받았습니다. 하지만 공동 수상할 것으로 예상되던 그라시 박사는 당시의 여러 정치적 상황으로 인해 수상자 명단에서 제외됐어요.

한편, 말라리아 원충을 최초로 발견한 알퐁스 라브랑에게는 좀 늦은 1907년에 노벨 생리의학상이 주어집니다. 그의 연구 업적이 초기에 학계에서 제대로 인정받지 못한 바람에 수상이 늦어진 거죠. 또한 2015년에는 중국의 약리학자 투유유가 개똥쑥에서 말라리아 치료 성분인 **아르테미시닌**을 발견한 공로로 다시 노벨 생리의학상을 수상했어요. 단일 전염성 질환으로 노벨상을 세 번이나 받게 만든 질병은 말라리아가 유일해요.

그러나 모기가 말라리아를 전파한다는 사실이 밝혀진 지 120여 년이 흐른 현재에도 인류는 말라리아와의 싸움에서 확실한 승기를 잡지 못하고 있습니다. 백신이 개발되어 2022년에 세계보건기구에서 최초로 승인했으나 완전한 면역은 불가능하기 때문이죠.

가장 확실한 방법은 말라리아를 옮기는 모기 종류를 완전히 박멸하는 것입니다. 최근 들어 불임 유전자나 자살 유전자를 심은 유전자 변형 모기를 만드는 방법이 시도되고 있어요. 실제로 일부 지역에 이 같은 유전자 변형 모기를 방출하는 실험도 진행되었어요.

하지만 이 같은 유전자 변형 기술은 유전자가 다른 생명체에도 전달될 가능성이 있어 실제 상용화까지는 아직 해결해야 문제가 많습니다. 과연 말라리아 관련 분야에서 네 번째 노벨상 수상자가 탄생할 수 있을까요?

한국에서 발생하는 말라리아

우리나라에서는 2020년 이후 말라리아 환자 수가 연 300명 내외로 발생하고 있습니다. 그러나 주로 열대지방에서 유행하는 열대열 말라리아에 비해 치명률이 매우 낮아요. 또한 국내에서 발병하는 삼일열 말라리아는 해외에서 감염되는 열대열 말라리아와 치료약이 다릅니다.

조건 반사를 연구한 이반 파블로프

'조건 반사'가 노벨상 연구를 방해했다?

1904년 노벨 생리의학상

파블로프 박사가 무슨 공로를 인정받아 노벨상을 받게 되었는지 물으면 대개는 '개의 조건 반사'에 관한 연구 덕분이라고 대답하기 일쑤예요. 하지만 그의 실제 수상 업적은 그것이 아니었습니다. 개의 조건 반사는 오히려 파블로프의 노벨상 수상과 관련한 실험을 방해하는 심각한 문제였어요. 과연 어떻게 된 일일까요?

러시아의 생리학자 이반 페트로비치 파블로프가 1904년 노벨 생리의학상 수상자로 선정된 것은 **소화액의 분비 메커니즘**을 실험적으로 밝혀낸 공로 때문이었어요. 즉, 타액선에 관한 생리학적 연구와 위·쓸개 등과 같은 장내 다른 기관들의 운동 기능에 관한 연구, 위액 분비에 관한 생리학적 연구 등을 꼽을 수 있죠. 특히 그의 소화생리학 연구는 여러 생리학연구소에서 활용되었으며, 소화계에 관한 기존 지식에 많은 영향을 끼쳤습니다.

러시아에서 목사의 맏아들로 태어난 파블로프는 박사학위를 받은 후 독일로 유학을 떠났습니다. 당시 독일은 의학과 생리학 분야에서 가장 앞서 있던 국가였기 때문이죠. 그러나 러시아로 돌아온 이후 파블로프는 독일 의학자들의 연구 방법에 따르지 않고 새로운 연구법을 구상했습니다.

독일 의학자들의 경우 신경이나 근육 등을 몸 밖으로 분리해 연구하고 있었어요. 하지만 그런 식으로는 생명체가 그 전체로서 어떠한 기능을 하는지 알 수 없다는 게 파블로프의 생각이었죠. 따라서 그는 신체 전체를 직접 관찰하기 위해 살아 있는 동물을 이용해 실험하기 시작했습니다. 소화계에 관한 그의 연구 업적들도 대부분 동물 실험으로 이루어졌는데, 이러한 실험 기술을 완성한 이도 파블로프 박사예요.

그럼 파블로프 박사의 조건 반사 연구는 언제 행해졌던 걸까요? 1904년 노벨상 시상식에서 파블로프는 생리학 분야가 아니라 조금 다른 분야, 즉 조건 반사에 관한 연구를 시작할 것이라고 발표했습니다. 그가 조건 반사 연구를 결심하게 된 계기는 우연한 사건에서 비롯되었어요.

살아 있는 개를 이용해 소화액과 침의 분비 정도 및 시점 등을 연구하던 중 파블로프는 이상한 현상을 발견합니다. 원래는 개가 먹이를 먹을 때만 침과 소화액을 분비했어요. 그런데 실험이 진행될수록 조교의 발소리만 듣고서도 개가 침과 소화액을 분비하는 일이 잦아졌던 것이죠.

조교의 발소리에 침을 흘리는 개

그 같은 현상은 파블로프의 실험을 방해하는 심각한 문제였어요. 먹이의 양에 따라 소화액 분비량이 어떻게 달라지는지를 정확히 측정해야 하는데, 먹이를 주기도 전에 분비해 버리니 그 양을 제대로 측정할 리 만무했기 때문입니다.

보통 사람들이라면 그 문제를 해결해 본래의 실험에 집중하기 마련이지만, 파블로프는 달랐어요. 오히려 그러한 현상을 집중적으로 연구하기로 결심했던 것이죠.

노벨상 수상 후 본격적으로 시작된 파블로프의 개 실험 장면은 우리가 상상하는 것보다 훨씬 더 끔찍했습니다. 살아 있는 개의 턱에 구멍을 내서 타액이 밖으로 나오게 한 뒤, 연구원은 개를 볼 수 있지만 개는 그들을 볼 수 없게끔 완전히 격리된 실험실에 안치시켰어요. 그 실험실은 외부의 시각 및 소음을 비롯해 모든 것들로부터 격리된 상태였어요.

오로지 개에게 주어지는 자극은 원격 조정에 의해 전달되는 고깃가루와 그것이 전달될 때마다 켜지는 전등 불빛뿐이었습니다. 배고픈 개는 고깃가루가 주어질 때 침을 흘리지만, 나중에는 고깃가루가 주어지지 않고 전등만 켜져도 침을 흘렸어요. 전등 대신 메트로놈의 똑딱이는 소리 등을 자극으로 주어도 결과는 마찬

육군 의과대학 생리학과에서 강의 후 시연하고 있는 파블로프(아랫줄 오른쪽에서 다섯 번째). 1912년. 사진 ©Karl Bulla.

가지였어요.

파블로프는 먹이를 줄 때 존재하는 본능적인 반사 작용을 **무조건 반사**라고 부르는 대신 먹이 없이도 개가 침을 흘리는 작용에 대해서는 **조건 반사**라는 명칭을 붙였습니다. 조건 반사 작용을 형성하는 조교의 발소리나 불빛 등은 **조건 자극**이며, 조건 자극만 받고서도 개가 침을 흘리게 된 상태를 **조건 형성이 되었다**고 말합니다.

행동주의 학파에 큰 영향 미쳐

파블로프의 조건 반사는 인체의 면역 체계에서도 발견됩니다. 또한 조건 반사는 향후 반세기 동안 심리학을 지배하는 접근법이 되었어요. 미국의 심리학자 존 왓슨이 발전시킨 행동주의 학파는 파블로프의 연구에 특히 큰 영향을 받았어요. 행동주의란 심리학의 대상을 의식에 두지 않고, 사람 및 동물의 객관적 행동에 두는 입장이에요.

프로이트가 창시한 정신분석학의 가장 큰 약점은 과학적인 입증을 할 수 없다는 것입니다. 하지만 행동주의는 과학적 입증을 할 수 있다는 점에서 정신분석학과는 차별화를 이루었어요. 파블로프의 조건 반사 실험은 동물의 행동처럼 복잡한 현상을 자연 상태가 아니라 여러 상황이 통제된 연구실 실험으로 보여 주었다는 점에서 의미가 큽니다.

인간의 정신 행동은 학습으로 형성되며 또한 학습에 의해서 치료될 수 있다는 행동주의의 이론을 이용한 방법은 지금도 실제 임상 현장에서 여러 병의 치료에 많이 사용되고 있습니다. 또한 파블로프의 조건 반사 원리는 광고에도 많이 사용됩니다. 좋은 음악이나 매력적인 비주얼 같은 긍정적인 자극을 제품이나 브랜드와 결합하는 방식이죠.

한편, 우리가 꽤 더운 날씨에도 이불로 몸의 아주 적은 부분이라도 덮은 뒤에야 잠을 자는 습관도 일종의 조건 반사라고 할 수 있습니다. 어릴 때 항상 이불 속에서 잠들었기 때문에 이불을 덮는 것이 곧 잠드는 과정과 연결되는 것이죠.

우주로 날아간 최초의 동물

지구 궤도로 보내진 최초의 동물은 1957년 11월 3일 소련의 스푸트니크 2호에 탑승한 개였습니다. 그런데 '라이카'라는 이름을 지닌 그 개가 스푸트니크 2호에 탑승한 모습은 조금 충격적이었어요. 물 공급 장치와 산소발생기, 온도조절기 등의 생존 장치가 꽉 들어찬 좁은 공간 속에서 라이카는 몸을 조금도 움직일 수 없도록 꽁꽁 묶인 상태였기 때문이죠.

우주복을 입은 채 수많은 기계에 둘러싸인 라이카가 발버둥 치지 않고 고정 자세로 버틸 수 있었던 건 순전히 훈련 덕분이었어요. 그 훈련은 바로 파블로프 박사의 조건 반사 이론에 바탕을 둔 것이었습니다.

결핵균을 발견한 로베르트 코흐

시골 의사를 '세균학의 아버지'로 만든 생일 선물

1905년 노벨 생리의학상

1882년 3월 24일, 베를린에서 열린 병리학 학술대회에서 한 시골 의사가 연구 결과를 발표하자 장내가 한순간에 조용해졌습니다. 당시 병사자의 15%를 차지하던 결핵의 원인균을 찾았다는 발표였기 때문이죠. 1870년대만 해도 결핵은 영양실조나 유전 때문에 발병한다고 생각했는데, 그 의사는 어떻게 결핵균을 발견한 걸까요?

다섯 살 때 신문을 보며 혼자 글을 익힐 만큼 영리했던 로베르트 코흐는 모험을 좋아하는 성격이었어요. 하지만 의과대학을 졸업하고 군의관을 지낸 후 조용한 시골 마을의 개업 의사가 되자 그는 반복되는 일상을 따분하게 여겼습니다.

그런 코흐에게 아내는 따분함을 달래라는 의미에서 생일 선물로 현미경을 사 줬어요. 그런데 그 현미경으로 인해 코흐는 새로운 세계에 빠져들고 말았습니다. 진료보다 현미경으로 관찰하기를 좋아한 그는 당시 그 지방에서 수만 마리의 가축과 사람들의 목숨을 앗아 간 **탄저병**의 원인을 캐는 데 도전했어요.

그는 탄저병으로 죽은 소의 혈액을 현미경으로 관찰하다 혈액

속에서 막대처럼 생긴 작은 미생물이 떠 있는 걸 목격했어요. 탄저병의 원인으로 추정되는 세균을 발견한 것이죠. 그는 대학 때의 지도교수에게 자신의 실험 결과를 검증받은 후 1876년에 논문으로 발표했습니다.

탄저균은 다른 균에 비해 크기가 큰 편이어서 가장 먼저 그의 눈에 띄었던 겁니다. 그의 연구는 전염병이 세균으로 발생한다는 사실을 최초로 밝힌 발견이었어요.

탄저균은 다른 동물이나 사람에게 바로 옮겨 갈 수 없을 때 자신을 보호하는 포자를 만들어 극한 환경에서도 오래 살아남는 특징을 지녀요. 코흐는 그 같은 사실을 간파하고 탄저병으로 죽은 동물은 태우거나 땅속 깊이 묻어야 한다고 말했으며, 덕분에 당시 유럽의 여러 지방에서 창궐하던 탄저병은 서서히 줄어들었어요.

특정 미생물이 특정 질환의 원인이 될 수 있다는 걸 처음으로 확인한 그는 세균학 연구의 기본 바탕이 되는 **코흐의 4원칙**을 발표했습니다.

첫째 병원균은 질병을 앓는 환자나 동물에서 반드시 발견되고, 둘째 순수 배양법으로 분리되어야 하며, 셋째 그처럼 분리한 병원균을 실험동물에 접종하면 동일 질병을 일으켜야 하며, 넷째 감염시킨 동물에서 동일 병원균을 다시 분리 배양할 수 있어야 한다는 내용이 바로 그것이에요. 이 원칙은 오늘날에도 질병을 일으키는 새로운 세균의 발견에 적용되고 있습니다.

가장 많은 생명을 앗아 간 전염병

그런데 세균 연구에 몰두한 코흐는 병원 업무를 등한시한 나머지 생활고에 시달릴 수밖에 없었어요. 이때 그에게 도움의 손길을 내민 곳은 바로 정부였습니다. 코흐의 능력을 인정한 독일 정부가 1880년 베를린 국립보건연구소를 설립해 그를 소장으로 임명한 거예요. 연구에만 전념할 수 있게 된 그는 당시 산업혁명으로 인한 도시화로 더욱 기승을 부리던 **결핵**에 도전장을 내밀었습니다.

천재 작가 이상을 비롯해 이광수, 김유정, 안톤 체호프, D. H. 로렌스, 조지 오웰, 프란츠 카프카 등의 유명 소설가에게는 공통점이 하나 있어요. 모두 결핵에 걸려 사망했다는 점이죠. 결핵에 걸리면 얼굴이 창백해지므로 까맣게 썩어 들어가는 흑사병(페스트)에 비유해 결핵을 '백색 페스트'로 부르기도 했어요.

결핵은 가장 많은 생명을 앗아 간 전염병이자 지구에서 가장 오래 존속하는 질병이기도 합니다. 최근 200년 동안 결핵으로 사망한 이는 약 10억 명에 이르러요. 또한 결핵은 기원전 7,000년경 석기시대 인간의 뼈 화석에서도 흔적이 발견될 만큼 역사가 오래됐어요.

하지만 코흐가 연구를 시작할 무렵 결핵에 대해 알려진 것은 그 원인이 어떤 종류의 미생물에 의해 발생한다는 추측뿐이었습니다. 그는 염색하기 어려운 결핵균을 강력한 염색약으로 염색하는 특수 염색법을 고안해 결핵균의 존재를 증명한 후 자신이 개발한 응고 혈청을 사용해 보통의 방법으로는 배양되지 않는 결핵균을 배양하는 데도 성공했습니다.

전 세계 우표에 가장 많이 등장한 과학자

거기서 그치지 않고 그는 제자와 함께 이집트의 알렉산드리아로 향합니다. 그곳에 콜레라가 만연하고 있다는 소식을 들었기 때문이죠. 당시 콜레라가 가장 기승을 부리던 인도까지 찾아가서 연구한 끝에 1883년 드디어 콜레라균을 찾아내 분리하는 데 성공합니다. 이후 그는 콜레라의 감염 경로를 밝혀 예방법을 내놓기까지 했어요.

1890년에는 '투베르쿨린'을 개발해 결핵 치료약으로 발표했습니다. 그런데 이 약은 피부결핵에서 놀라운 치료 효과를 보였으나, 폐결핵 등의 임상 실험 결과에서는 효과가 없는 것으로 확인됐어요. 심지어 투베르쿨린을 투약한 환자가 부작용으로 죽기까지 하자 코흐의 명성이 추락하기 시작했습니다.

더구나 그 무렵 코흐는 아내와 이혼하고 자신보다 29세나 어린 여성을 새 부인으로 맞이하면서 스캔들의 주인공이 됩니다. 여기에 투베르쿨린이 결핵의 치료제라고 발표했던 실수 등이 겹치면서 결국 그는 노벨상을 수상할 수 있었던 첫 번째 기회를 자신의 제자인 에밀 폰 베링에게 빼앗기게 됩니다.

그러나 코흐는 아랑곳하지 않고 연구에만 매달려 재기에 성공합니다. 아프리카로 가서 현지에서 많이 발생하는 우두와 말라리아 등에 대해 연구하고, 현지 학자들에게 의학을 전수해 아프리카의 공중보건 향상에 크게 기여했죠. 결국 그는 결핵에 관한 연구 업적을 나중에야 인정받아 1905년에 노벨 생리의학상을 받았습니다.

한편, 코흐가 결핵균을 발견한 지 100주년이 되던 해인 1982년에는 국제결핵및폐질병퇴치연맹(IUATLD)이 결핵 예방 및 조기 발견을 위해 3월 24일을 세계 결핵의 날로 지정했습니다. 또한 그는 결핵균의 발견 덕분에 뉴턴을 제치고 전 세계 우표에 가장 많이 등장하는 과학자가 되기도 했습니다.

한천 배지와 페트리 접시

세균의 배양 등에 가장 널리 사용되고 있는 한천 배지는 해조류인 우뭇가사리를 끓여서 식힌 젤리 형태의 세균 배양기입니다. 그런데 이 배지는 코흐의 실험실에서 함께 일하던 헤시 부부의 아이디어로 만들어졌습니다. 또한 실험실에서 가장 많이 사용되는 둥근 접시인 페트리 접시도 코흐의 조수였던 페트리가 만들어서 그런 이름이 붙었습니다.

인슐린을 발견한 프레더릭 밴팅

노벨상 수상자들이 상금을 분배한 까닭은?

1923년 노벨 생리의학상

인슐린을 발견해 1923년 노벨 생리의학상의 주인공이 된 프레더릭 밴팅은 상금의 절반을 동료인 찰스 베스트와 나누어 갖겠다고 선언한 후 즉시 실행에 옮겼습니다. 그러자 공동 수상자인 매클라우드 역시 자신의 상금을 인슐린 연구에 참여했던 생화학자 제임스 콜립과 나누겠다고 밝혔어요. 도대체 이들에게 무슨 일이 있었던 걸까요?

1891년 캐나다 온타리오주의 한 시골 마을에서 태어난 프레더릭 밴팅은 어릴 적부터 생물 실험에 관심이 많아 농사를 짓던 아버지의 소가 죽으면 직접 해부하기도 했어요. 토론토 의과대학을 졸업하고 정형외과 수련의를 거친 그는 토론토에서 약 200km 떨어진 런던에서 병원을 개업했습니다.

사실 그가 런던까지 가서 개업한 것은 토론토 의과대학에서 연구원 자리를 얻지 못했기 때문이에요. 예상대로 타지에서 온 시골 출신의 의사가 개업한 병원을 찾는 환자는 별로 없었고, 생계를 위해 그는 틈틈이 그곳에 있던 웨스턴온타리오대학에서 강의를 해야 했습니다.

그 무렵 밴팅은 당뇨병의 치료법을 연구하기로 결심합니다. 어릴 적부터 단짝이었고 의과대학도 함께 다녔던 친구가 **당뇨병**에 걸려 서서히 죽어 가는 걸 지켜보기 힘들었기 때문이죠.

당뇨병은 혈액 속 포도당이 에너지원으로 이용되지 못해 혈당이 비정상적으로 올라가고, 누적된 포도당이 소변으로 유출되는 질환으로 근대 이전만 하더라도 무서운 불치병이었어요. 20세기 초에 당뇨병 진단을 받은 10대 환자의 기대 수명은 2개월이 채 되지 않았으며 30대 이상 환자의 경우에도 5년을 못 넘겼거든요.

밴팅은 췌장에 있는 랑게르한스섬에서 분비되는 물질이 당뇨병과 관련이 있다는 사실에 착안해, 개의 췌장관을 묶으면 당뇨병 치료 물질을 추출할 수 있을지도 모른다는 아이디어를 떠올렸습니다.

이때까지 많은 이들이 당뇨병 치료 물질을 추출하는 데 실패한 것은 췌장에서 분비되는 트립신 때문일 수도 있다고 밴팅은 생각했어요. 트립신은 단백질을 분해하는 효소거든요. 따라서 췌장관을 묶어 트립신의 분비를 막는다면 랑게르한스섬에서 분비되는 물질을 분해되지 않은 상태에서 그대로 추출할 수 있다는 게 그의 아이디어였습니다.

92마리째 실험에서 기적처럼 성공

밴팅은 자신의 실험 계획을 웨스턴온타리오대학에 알리고 실험실 사용을 부탁했으나 거절당했어요. 하지만 포기하지 않고 모교인 토론토대학을 찾아갔고, 방학 기간에 빈 실험실의 사용을 허락받았습니다. 이때 만난 이가 바로 생리학과 교수인 존 제임스 리카드 매클라우드예요. 매클라우드는 밴팅의 실험에 회의적인 입장이었지만, 의대생인 찰스 베스트를 조수로 붙여 주기까지 했어요.

밴팅은 베스트와 함께 개의 췌장관을 묶은 다음 며칠 기다렸다가 랑게르한스섬의 조직을 분석하고, 거기에서 얻은 추출물을 췌장이 제 기능을 못하는 다른 개에게 주사하는 실험을 반복했습니다. 하지만 91마리째까지 아무런 결과도 얻지 못하다가 92마리째 실험에서 기적처럼 성공한 거예요.

그 후 밴팅은 추출물, 즉 **인슐린**의 효과를 입증하기 위해 도축장을 다니면서 소와 돼지의 췌장을 수집했어요. 그 과정에서 실험비가 부족해 자신이 타고 다니던 차를 팔기까지 했죠. 밴팅의 실험이 성공할 가능성이 높아지자 매클라우드도 서서히 관심을 보이기 시작했습니다. 매클라우드는 자신의 연구소에서 일하는 생화학자 제임스 콜립을 밴팅에게 보내 활성 물질의 다량 추출을 도왔어요.

그들은 연구 결과를 미국생물학회에 논문으로 제출하기로 했고, 논문의 요약본 작성을 매클라우드에게 부탁했습니다. 논문의 제출 시점이 너무 임박했기 때문이었죠. 이렇게 해서 자연스레 매클라우드의 이름도 논문에 실리게 되었어요.

그리고 논문 발표 이듬해인 1922년 1월 중증 당뇨병으로 사경을 헤매던 13세 소년 환자에게 인슐린을 투여한 결과 정상 수준의 혈당 수치를 회복한 것이 확인되었습니다. 이후 인슐린을 투여한 토론토대학 병원의 중증 환자 50명 중 46명의 증세가 완화되었고, 밴팅의 친구도 살아납니다. 이 성공 소식은 전 세계적으로 큰 관심을 모았으며, 1923년 밴팅과 매클라우드에게 노벨 생리의학상이 수여되었어요.

공동 수상에 대한 우회적인 이의 제기

밴팅은 자신의 상금을 찰스 베스트와 분배하겠다고 공개적으로 선언합니다. 이는 매클라우드의 노벨상 공동 수상에 대한 우회적인 이의 제기였어요. 즉, 밴팅은 매클라우드보다 베스트가 자신의 실험에 훨씬 더 많이 기여했다고 생각한 겁니다. 사실 매클라우드는 실험의 조직적 측면에서만 기여했을 뿐이거든요.

하지만 매클라우드의 입장은 달랐습니다. 독일에서 공부한 영국 출신의 그는 인슐린 발견이 자신의 실험실에서 이루어졌으므로 책임자인 자신의 노벨상 수상이 당연하다고 여겼어요. 따라서 그는 강연 등에서도 은연중에 자신이 연구 책임자이며 밴팅은 자신의 밑에 있는 연구원일 뿐이라는 요지의 말을 하곤 했습니다.

어쩌면 당시 학계의 관행이라고 볼 수 있는 매클라우드의 수상에 대해 밴팅이 반기를 든 것은 평소 그의 우직한 성품을 감안할 때 결코 이상한 일이 아니었어요. 그는 베스트와 함께 인슐린 제조 특허권을 토론토대학에 사실상 무상으로 양도했습니다. 그 후 토론토대학은 인슐린 제조권을 제약 회사 릴리에 넘겼으며, 덕분에 인슐린은 1년도 채 되지 않아 당뇨병의 표준 치료법으로 자리 잡을 수 있었어요.

한편, 밴팅은 토론토대학 재학 중 제1차 세계대전이 발발하자 군의관으로 입대해 당시 격전지 중의 하나였던 프랑스에서 활동한 전력을 지니고 있어요. 제2차 세계대전이 터지자 그는 밴팅&베스트연구소 소장 자리를 박차고 또다시 자원입대합니다. 그러다 전쟁 중 비행기 사고로 1941년 뉴펀들랜드의 눈 덮인 산중에 추락해 세상을 떠났습니다.

밴팅은 노벨상을 수상한 최초의 캐나다인이었습니다. 하지만 그보다는 이 같은 영웅적인 행동 때문에 캐나다에서 아직도 우상으로 대접받고 있어요.

인슐린의 최초 이름은?

프레더릭 밴팅과 찰스 베스트는 처음에 자신들이 추출한 물질에 '아일레틴'이라는 이름을 붙였습니다. 섬(랑게르한스섬)에서 생성되는 화학 물질이라는 의미였죠. 이후 아일레틴은 매클라우드의 제안에 의해 같은 뜻의 라틴어인 '인슐린'으로 바뀌었어요. 1910년 영국의 생리학자 샤피가 랑게르한스섬이 분비하는 미지의 호르몬에 붙인 이름인 인슐린과 같은 물질임을 알았기 때문입니다.

혈액형을 발견한 카를 란트슈타이너

무엇이 외과수술의 운을 좌우했을까?

1930년 노벨 생리의학상

20세기 초까지만 해도 치료 목적의 수혈은 금기 사항이었습니다. 어쩔 수 없이 수술을 해야 하는 상황에서 수혈에 성공한다 해도 목숨을 건지는 건 순전히 운에 의지할 수밖에 없었기 때문이죠. 과연 그 운은 무엇에 의해 좌우되었던 걸까요?

동물의 피를 인간에게 수혈하는 데 최초로 성공한 이는 1667년 프랑스의 장 드니였습니다. 루이 14세의 주치의였던 그는 오랫동안 고열로 고생하던 15세의 소년에게 양의 피를 수혈해 주목을 끌었어요. 성경에서 제사장이 제물로 바치는 가장 순결한 동물이 양이기 때문이죠. 하지만 여러 가지 부작용으로 인해 동물의 피를 사람에게 수혈하는 행위는 그 후 프랑스에서 금지되었습니다.

사람 간의 수혈을 최초로 시도한 이는 1800년대 초 영국의 의사 제임스 브란델이었어요. 그러나 그 결과 역시 썩 좋지 않았죠. 수혈 후 증세가 호전되는 환자도 간혹 있었지만, 사망하는 환자가 더욱 많았기 때문이에요.

당시만 해도 무엇이 그 운을 좌우하는지는 아무도 깨닫지 못했는데, 원인이 바로 **혈액형** 때문이라는 사실을 최초로 밝혀낸 이가 오스트리아의 병리학자 카를 란트슈타이너였습니다. 의학과 화학, 병리생태학 등을 공부했던 그는 1900년에 혈청학을 연구하다가 이상한 사실을 발견했어요. 한 사람의 혈청이 다른 사람의 혈청에 가해지면 적혈구가 뭉쳐서 크거나 작은 덩어리를 이루는 현상을 발견했던 것입니다. 그것이 계기가 되어 연구에 전념하게 된 란트슈타이너는 이러한 현상이 혈액의 종류가 서로 다르기 때문에 일어난다는 사실을 알아냈어요.

이듬해인 1901년에 란트슈타이너는 사람의 혈액형을 A형과 B형, 그리고 C형(후에 O형으로 변경)의 세 가지로 분류할 수 있다고 발표합니다. 1년 뒤, 1902년에는 AB형이라는 또 하나의 혈액형이 있다는 사실이 그의 제자인 폰 드카스텔로와 스털리에 의해 밝혀졌어요.

O형 혈액형의 최초 명칭은 C형

란트슈타이너가 분류한 혈액형의 원리는 아주 간단합니다. 적혈구가 A항원을 가지고 있으면 A형, B항원을 가지고 있으면 B형, A항원과 B항원을 모두 가지고 있으면 AB형, 이 두 항원이 모두 없으면 O형이에요.

즉, A항원을 지닌 A형의 몸속으로 B형 혈액이 들어갈 경우 B항원을 이물질로 인식해 피가 엉겨 버립니다. 마찬가지로 B형에게 A형 혈액을 주입해도 A항원으로 인해 피가 엉기죠. AB형의 경우 A항원과 B항원을 둘 다 가졌으므로 A형과 B형, O형의 피를 모두 수혈받아도 항원 반응이 없어 괜찮습니다.

하지만 O형은 A항원과 B항원을 모두 가지지 않아 A형과 B형, AB형 중 어느 것도 수혈받을 수 없어요. 대신 O형은 항원이 없으므로 자신의 피를 A형과 B형, AB형 모두에게 줄 수 있죠. 란트슈타이너가 처음에 C형으로 불렀다가 나중에 O형으로 바꾼 이유도 이처럼 O형의 경우 항원 반응이 제로라는 뜻에서였어요.

그가 혈액형 분류에 성공한 것은 치열한 관찰과 연구 덕분이었습니다. 그는 깨어 있는 시간의 90%를 연구를 위해 사용했으며, 346편의 논문을 발표했어요. 그가 부검한 사체만 해도 3,639구에 달하는 것으로 알려져 있죠.

란트슈타이너는 1922년부터 1939년까지 미국 록펠러의학연구소의 병리학 교수를 역임했으며, 1940년에는 A. 비너와 협동하여 Rh인자를 발견했습니다. Rh항원이 있으면 Rh+형 혈액이며, Rh항원이 없으면 Rh-형 혈액으로 분류합니다. 이 외에도 적혈구 항원의 종류는 수백 종 이상이며, 그에 따라 지금껏 밝혀진 혈액형의 종류도 수백 가지나 되어요.

잉카제국이 멸망한 이유는 혈액형?

인간이 이처럼 서로 다른 혈액형을 지니는 것은 질병에 대한 효과적인 방어를 위해서라는 게 지금까지의 가장 유력한 가설입니다. 예를 들면 O형은 바이러스 질병에 강한 반면 A형과 B형은 세균 질병에 더 강해요.

실제로 O형인 사람은 콜레라의 독성이 장 세포 속 핵심 신호 전달 분자를 과도하게 활성화시켜 콜레라에 취약하며, A형인 사람은 다른 혈액형에 비해 장 독성 원소 대장균 감염에 의한 설사병에 더 취약하다는 연구 결과가 발표되었습니다. 인류는 그 같은 질병에 방어하기 위해 서로 다른 혈액형을 일정 수준으로 고르게 유지하는 거예요.

인간이 모두 같은 혈액형을 지닐 경우 한 질병에 의해 여지없이 무너질 수 있다는 사실을 알려 준 대표적인 사례가 바로 남미 페루의 원주민 인디언들입니다. 이들의 혈액형은 100% O형이었는데, 잉카제국이 소수의 스페인 군대에 의해 멸망한 것은 전력이 약해서가 아니라 천연두에 취약했기 때문이었어요.

혈액형을 발견해 수많은 인명을 구한 카를 란트슈타이너.

그런데 란트슈타이너가 밝혀낸 혈액형의 중요성을 깨닫는 데는 꽤 오랜 시간이 걸려, 그는 1930년에서야 노벨 생리의학상을 받았어요. 란트슈타이너는 혈액형 외에도 소아마비 초기에 유효한 혈청을 개발하고 매독에 대해서 연구했으며, 알레르기 반응이 면역계의 반응이라는 증거를 최초로 발견하는 성과를 올리기도 했습니다.

란트슈타이너 덕분에 인류는 수술의 성공 확률을 획기적으로 높일 수 있었어요. 그가 외과 의학의 구세주라는 칭호를 얻은 이유가 바로 거기에 있죠. 그의 혈액형 발견은 지금까지 약 10억 명 이상의 인명을 구한 것으로 추정됩니다. 하지만 이처럼 위대한 과학적 업적에도 불구하고 그는 후대에 그 명성이 잘 알려지지 않은 대표적인 과학자 중 한 명으로 꼽혀요.

혈액형 성격론의 진실

A형은 소심하고, B형은 이기적이면서 변덕스럽고, O형은 통이 크고, AB형은 천재 아니면 바보 같은 이중적인 성격을 지녔다는 등의 이야기가 대표적인 혈액형 성격론이에요. 혈액형은 적혈구에 존재하는 항원에 의해 결정되므로 성격을 혈액형으로 설명하기에는 무리가 따릅니다. 또한 수혈할 때 문제가 되는 항원만 해도 수십 개이므로 유독 ABO식 혈액형만 성격과 관련이 있다는 주장도 설득력이 없습니다. 그럼에도 혈액형 성격 풀이를 보면 이상하게 꼭 내 얘기를 하는 것 같은 기분이 들죠. 그 이유는 대부분의 사람들이 지닌 보편적인 특성을 자신에게만 적용되는 것으로 착각하는 심리적 현상인 '바넘 효과' 때문입니다.

유전의 비밀을 밝힌 토머스 모건

현대 유전학의 창시자가 표절자로 몰린 사연

1933년 노벨 생리의학상

초파리 실험을 통해 유전 메커니즘을 발견한 토머스 모건은 현대 유전학의 창시자로 일컬어집니다. 그런데 그가 노벨상을 받자 제자인 허먼 멀러가 반발하고 나서며, 스승을 표절자로 몰아붙이기까지 했습니다. 이들 사이엔 과연 무슨 일이 있었던 걸까요?

1910년 5월 미국 콜롬비아대학의 실험동물학 연구실에서는 매우 특별한 일이 일어났습니다. 정상적인 노랑초파리를 장님 초파리로 만들기 위해 다양한 시도를 하던 중 흰눈 초파리가 탄생한 거예요. 참고로 정상적인 노랑초파리의 눈은 빨간색입니다.

연구진을 이끌던 토머스 모건 교수는 어떻게 해서 돌연변이가 생겼는지를 추적하는 대신 새로운 실험을 시도했어요. 돌연변이로 탄생한 흰눈 초파리와 정상적인 빨간색 눈을 지닌 초파리를 교배시켰던 것이죠. 그 결과 다음 세대로 탄생한 1,240마리 개체 모두가 빨간색 눈을 지닌 것으로 확인됐습니다. 그런데 첫 번째 교배로 태어난 빨간색 눈 초파리들끼리 다시 교배시킨 결과 놀라운 일이 벌어졌어요. 자손 중 4분의 1이 흰눈 초파리였던 거예요.

흥미롭게도 그 흰눈 초파리들은 모두 수컷임이 밝혀졌습니다. 이에 따라 모건은 빨간색 눈 형질이 흰색 눈에 대해 우성이며, 초파리 눈 색깔을 결정하는 유전자는 X염색체에 있다는 결론을 내렸어요.

암컷의 경우 2개의 X염색체를 지니므로 1개의 흰눈 형질을 가지고 있어도 다른 X염색체가 우성이면 우성 형질인 빨간색 눈이 됩니다. 그에 비해 수컷은 단 하나의 X염색체를 지니고 있으므로 열성 형질을 지닐 경우 그것이 그대로 발현돼 흰색 눈으로 태어날 수밖에 없어요. 이 실험 결과는 멘델의 유전 법칙과 정확히 일치한다는 점에서 관심을 끌었습니다.

완두의 교배 실험을 통한 **멘델의 유전 법칙**은 당시 유전에 관한 낡은 이론을 완전히 뒤집는 획기적인 발견이었어요. 하지만 멘델의 발견은 별다른 주목을 받지 못했어요. 당시만 하더라도 그것은 전혀 이해되지 않는 이야기였기 때문이죠. 그러다 세포와 세포핵에 대해 알게 되고 염색체가 발견되는 등 유전학에 대한 기본 지식이 점차 발전하면서 멘델의 법칙은 그 가치를 제대로 인정받기 시작했습니다. 거기에 가장 결정적인 역할을 한 것이 바로 유전자로서의 염색체 기능을 발견한 모건 박사의 초파리 실험이었어요.

유전학에 주어진 최초의 노벨상

추가 연구를 통해 모건 박사는 유전 염색체 지도에서 유전인자가 목걸이의 구슬처럼 염색체에 배열되어 있음을 밝혔어요. 놀라운 것은 그 같은 연구 결과 대부분이 염색체를 직접 조사한 것이 아니라 초파리 교배의 통계적인 분석으로 얻었다는 사실이에요. 즉, 그의 연구는 멘델의 통계적 연구 방법과 현미경적 방법을 결합한 셈이었습니다.

모건 박사의 연구가 주목받은 또 다른 이유는 초파리를 실험 대상으로 선택했다는 점이에요. 초파리는 다음 세대가 태어나기까지의 시간이 12일에 불과해 1년에 약 30세대까지 번식이 가능합니다. 실험실에서 기르기 쉬운 이 동물은 암컷과 수컷을 구별하기도 쉬울뿐더러 염색체의 수도 단 4쌍(8개)뿐이에요. 즉, 초파리는 그때까지 알려진 어떤 실험동물보다 우수했던 것입니다.

그 같은 공로를 인정받아 토머스 모건은 1933년 노벨 생리의학상을 수상합니다. 유전학에 주어진 최초의 노벨상이었죠. 또한 현대 유전학의 탄생을 알렸다는 평가도 함께 받았어요.

그런데 토머스 모건의 노벨상 수상을 놓고 한 과학자가 반발하고 나섰습니다. 바로 그의 제자인 허먼 멀러였어요. 멀러는 초파리 염색체의 유전자 지도를 만든 것은 대부분 자신의 업적이라고 주장했습니다. 또한 자신이 쓴 논문을 모건이 베끼기도 했다며, 스승을 표절자로 몰아붙였어요.

사실 모건 교수의 업적은 실험실에서 함께 연구한 많은 학생들의 도움 때문에 가능했어요. 이는 노벨 위원회도 공식적으로 명시했을 만큼 널리 알려진 사실입니다. 거기엔 이의를 제기한 멀러를 포함해 스터티번트, 브리지스 등이 포함되며, 그들은 모건학파라고 불렸어요.

모건의 업적과 제자들의 업적을 구별하기 쉽지 않다는 점은 노벨 위원회도 인정했습니다. 그럼에도 모건에게 단독으로 노벨상을 안긴 까닭은 공동 수상자를 최대 3명까지만 허용하는 노벨상의 규칙 때문이었어요.

즉, 모건과 멀러, 스터티번트, 브리지스까지 4명에게 공동 수상을 할 수 없어 모건에게만 상을 주기로 결정했던 것이죠. 그 때문인지 몰라도 모건은 노벨상 상금을 제자들에게도 분배해 자식들의 학비를 내는 데 보태게 했습니다.

허먼 멀러도 결국 노벨상 받아

멀러가 스승인 모건을 표절자라고 몰아붙인 데는 여러 가지 이유가 있겠지만, 평소 모건의 태도도 문제가 됐다고 봐야 합니다. 함께 연구하는 제자 중 누군가가 모건의 생각이 틀렸음을 명백히 보여 주며 강하게 밀어붙일 경우 모건은 언제 그랬냐는 듯 자신의 생각을 쉽게 바꾸었기 때문이죠.

스승과 충돌하긴 했으나 멀러는 초파리의 돌연변이를 인공적으로 더 쉽게 만들 수 있는 방법에 관해 일찌감치 연구를 시작했습니다. 초파리에 다양한 세기의 X-선을 쬐는 실험을 하던 중 멀러는 드디어 방사선을 조사한 초파리의 새끼들에게 100%에 가깝게 돌연변이가 일어난다는 사실을 발견했어요. 이 실험 결과는 1927년 논문으로 발표되면서 엄청난 파장을 불러일으켰습니다.

그런데 막 힘을 얻어 가던 멀러의 연구는 차질을 빚었어요. 당시 미국에서 발생한 대공황 때문입니다. 대공황으로 주식 시장이 붕괴되자 멀러는 자본주의에 대해 비관적인 시각을 갖게 됐어요. 평소 사회주의 성향의 우생학에 관심이 많았던 그는 베를린과 레닌그라드를 거쳐 1933년 소련 모스크바 유전학연구소로 가 버립니다.

하지만 사회주의 국가에서 우생학 연구에 매진하려던 그의 계획은 어긋나고 말았어요. 후천적으로 얻은 형질이 유전된다는 주장을 펼친 소련의 생물학자 리센코와 결국 충돌한 것이죠. 리센코는 멘델과 모건파의 유전학을 탄압했으며, 결국 멀러는 4년 만에 소련을 탈출해 영국을 거쳐 1940년에 미국으로 돌아옵니다.

이후 허먼 멀러는 돌연변이 현상을 모든 실험실에서 간단하게 재현할 수 있는 방법을 발견했다는 공로를 인정받아 1946년 노벨 생리의학상을 수상합니다. 그도 드디어 멘델과 스승인 모건에 이어 현대 유전학 창시자의 반열에 오르게 된 것입니다.

- 최근 동물 실험 반대 운동이 왜 일어나고 있으며, 그에 대한 대안은 무엇인지 알아보아요.
- 둘 다 색맹이 아닌 부부에게서 색맹인 아들이 태어날 수 있는 이유에 대해 알아보아요.

페니실린을 발견한 알렉산더 플레밍

페니실린 신화의 진짜 주인공은 따로 있다?

1945년 노벨 생리의학상

2014년 영국문화원에서 지난 80년간 세계를 바꾼 80대 사건에 대해 설문조사를 한 결과, 인터넷의 탄생을 이끈 월드와이드웹(WWW)에 이어 '이것'이 2위를 차지했습니다. 30~40세에 불과하던 인류의 평균 수명을 약 30년 연장시킨 것도 바로 '이것'이죠. 20세기 최고의 발명품으로도 꼽히는 '이것'의 정체는 무엇일까요?

정답은 바로 인류 최초의 항생제인 **페니실린**입니다. 페니실린을 발견한 알렉산더 플레밍에게 노벨상을 수여한 것은 당연한 일이며, 심지어 노벨상만으로는 그의 공적을 치하하는 게 부족하다고 말하는 이들도 있죠. 하지만 그가 1945년 노벨 생리의학상 수상자로 선정되었을 때 반대 목소리를 낸 이들도 적지 않았어요.

사실 플레밍은 곰팡이가 세균의 성장을 막을 수 있는 물질을 함유하고 있다는 사실을 처음 발견한 사람도 아니며, 페니실린을 순수하게 분리해 내지도 못했습니다. 페니실린의 원천인 푸른곰팡이가 항균 속성을 지닌다는 사실을 밝혀낸 연구는 이미 1870년대부터 발표되고 있었죠.

플레밍의 페니실린 발견은 세렌디피티(Serendipity)의 대표적인 사례로 알려져 있어요. 세렌디피티란 연구 과정에서 애초에 의도하지 않았으나 매우 귀중한 발견을 우연히 해낸 것을 의미합니다.

영국 세인트메리병원 의과대학에서 포도상구균 계통의 화농균을 연구하던 플레밍은 1928년 여름에 휴가를 떠납니다. 그런데 휴가에서 돌아온 플레밍은 배양접시 중 하나가 잘못되었다는 걸 발견해요. 다른 것들은 모두 노란색으로 고착돼 있는 데 비해 한 접시만 녹색의 곰팡이가 피어 있었던 거죠.

플레밍은 평소에도 게으른 성격이었던 탓에 배양접시를 잘 보관하지 않아 그 같은 일이 흔했습니다. 하지만 그날 플레밍은 그냥 지나치지 않았어요. 곰팡이 주변의 포도상구균이 모두 사라져 있다는 사실을 발견했기 때문이에요.

그것이 항생 현상임을 직감한 그는 곰팡이를 새로운 배양접시로 옮긴 후 실험을 거듭한 끝에 이듬해인 1929년 2월 페니실린에 관한 연구 결과를 발표합니다. 그러나 그의 발견에 대해 아무도 관심을 보이지 않았어요. 페니실린의 작용이 당시의 연구 개념과는 맞지 않았기 때문이었죠.

발견 3년 만에 페니실린 연구 포기해

이후 플레밍은 페니실린의 추출 및 농축 방법을 개발하기 위해 꾸준히 임상 실험을 했으나 실패를 거듭합니다. 마침 연구를 돕던 한 조교가 콧속에 염증이 생겨 페니실린을 사용해 치료를 시도했지만 그것도 실패하고 말았어요. 다른 연구에서도 별다른 효과를 검증하지 못한 플레밍은 결국 페니실린 연구를 포기하고 1932년 이후에는 그와 관련된 연구를 아무것도 하지 않았습니다.

영원히 묻힐 뻔한 페니실린을 세상 밖으로 다시 끄집어낸 과학자는 옥스퍼드대학에 근무하던 오스트리아 병리학자 하워드 플로리와 독일 생화학자 에른스트 체인이었어요. 그들은 항균 물질을 연구하던 중 플레밍의 이전 논문을 접하고 그에 관한 연구를 시작합니다. 그리고 1940년에 페니실린을 순수하게 분리하는 데 성공함과 더불어 치료제로서의 페니실린 효과까지 검증했습니다.

흥미로운 것은 그들의 연구 성공 역시 세런디피티에 해당한다는 사실이에요. 당시에는 실험동물로 생쥐와 유사한 모르모트를 사용하는 것이 일반적이었습니다. 그럼에도 그들은 모르모트가 아닌 생쥐를 대상으로 실험을 실시해 페니실린의 효과를 검증했어요.

그들이 만약 모르모트를 사용했다면 그 같은 성공을 거둘 수 없었을 겁니다. 페니실린은 모르모트에게 독성을 지니지만, 생쥐에게는 독성을 지니지 않기 때문이죠. 그들이 실험동물로 생쥐를 선택한 것은 그야말로 특별한 이유 없이 행해진 우연이었습니다.

플로리와 체인은 다음 단계로 사람에게 적용하는 임상 실험을 시작합니다. 그들이 첫 번째 환자로 선택한 이는 포도상구균에 감염된 경찰이었어요. 하지만 페니실린을 주사했음에도 그 경찰은 사망하고 말았어요. 환자를 살릴 만한 양의 페니실린을 충분히 마련하지 못한 것이 원인이었습니다.

노벨상 강연에서 항생제 내성 문제 예고

그 후 충분한 페니실린을 생산한 다음 실시한 임상 실험에서는 모든 환자들이 세균 감염에서 회복된다는 사실을 확인했습니다. 미국 농업연구소의 도움으로 페니실린을 대량으로 추출하는 새로운 방법이 개발되면서 페니실린 생산량은 급속히 증가했으며, 마침내 1945년에 플레밍을 비롯해 플로리, 체인은 공동으로 노벨 생리의학상을 받았습니다.

페니실린이 기적의 약으로 등극할 수 있었던 배경에는 이처럼 플로리와 체인의 공로가 더욱 큽니다. 그럼에도 유독 페니실린의 발견에 대해 플레밍의 업적만 부각된 이유는 과연 무엇일까요?

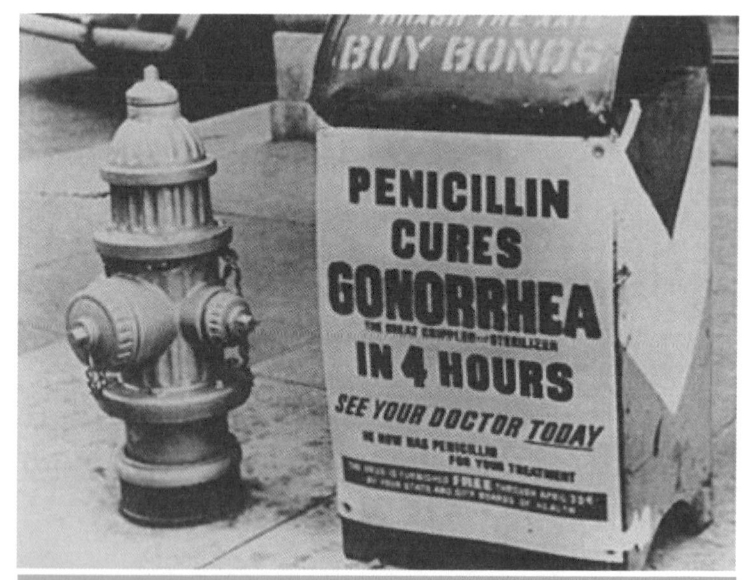

1944년경 길가 우편함에 붙어 있는 포스터에는 제2차 세계대전 군인들에게 하는 "페니실린은 4시간 만에 임질을 치료한다"는 조언이 적혀 있다.

당시 플로리와 체인의 연구팀은 언론에 부정적인 생각이 강해 언론과의 접촉을 피했습니다. 그에 비해 플레밍은 언론을 거부하지 않았는데, 이런 과정에서 자연스레 언론들은 페니실린 발견 신화의 주인공으로 플레밍만 부각하게 된 것이죠.

하지만 그렇다고 해서 플레밍의 업적이 과장되었다는 뜻은 아니에요. 페니실린의 중요성에 주의를 기울인 사람은 그가 최초였으며, 그로 인해 자연적으로 만들어지는 수많은 화학 물질도 항균 물질을 갖고 있다는 사실이 밝혀졌기 때문입니다.

한편, 플레밍은 노벨상 수상 강연에서 "앞으로 페니실린을 누구든지 쉽게 구입할 수 있게 되면 항생제의 남용으로 인해 세균들이 내성을 갖게 될 것이다"는 요지의 발언을 했습니다. 그의 예언적인 경고대로 현재 많은 항생제가 내성 문제로 골치를 앓고 있죠.

이대로 가면 2050년에는 항생제 내성균 감염으로 사망하는 이가 전 세계적으로 연간 1,000만 명에 육박할 것이라는 전망까지 나오고 있어요. 이에 따라 의학계에서는 항생제 내성 문제를 해결하기 위해 국경 없는 전쟁을 치르고 있는 중입니다.

항생제와 다제내성균

항생제를 사용하면 대부분의 세균이 죽지만 극소수가 살아남아 유전자 변이 등을 통해 항생제에 내성을 가지게 됩니다. 그런 내성균을 없애기 위해 새로운 항생제가 나오고 그 같은 과정이 반복되면서 거의 모든 항생제에 내성을 지닌 다제내성균이 출현했습니다. 이를 조금이라도 예방하기 위해선 항생제의 과다 사용을 자제하고, 처방받은 약을 정확히 복용하는 습관을 들이는 것이 좋습니다.

DDT를 개발한 파울 헤르만 뮐러

'신의 축복'에서 독약으로 추락한 살충제

1948년 노벨 생리의학상

적은 양으로도 뛰어난 살충 효과를 나타내는 DDT는 신이 내린 축복의 물질로 일컬어졌습니다. 페니실린만큼 기적적인 약품이자, 원자폭탄과 함께 제2차 세계대전의 상징적인 과학 산물로 꼽힐 정도였어요. 그런데 지금은 DDT를 개발한 뮐러가 잘못 수여된 노벨상의 대표적인 사례로 회자되고 있습니다. 무슨 이유 때문일까요?

DDT가 처음 탄생한 것은 1873년 오스트리아에서 화학 박사학위 논문을 쓰던 오트마르 차이들러라는 한 대학원생에 의해서였습니다. 그는 새로운 염료를 개발하기 위해 연구하다가 DDT의 합성에 성공한 뒤 성질에 대해 기술하고 상업적인 생산 방법까지 개발했어요.

하지만 염료로서의 효용 가치가 떨어졌기에 DDT는 곧 사람들의 기억에서 사라지고 맙니다. 발명 당사자인 오트마르조차 DDT가 살충제로서의 효과를 가진다는 사실을 전혀 알지 못했던 거죠.

그 후 DDT를 다시 세상 밖으로 끄집어낸 이가 스위스의 화학자 파울 헤르만 뮐러였습니다. 1925년에 화학 박사학위를 받은 뒤 제약 회사 가이기(현재의 노바티스)에 입사한 그는 1935년부터 살충제 연구에 집중했습니다.

뮐러는 자신이 개발하는 살충제의 목표를 분명하게 정했어요. 첫째는 안전성이었죠. 온혈동물과 식물에게는 해를 전혀 입히지 않으면서도 많은 종류의 곤충에게 큰 효과를 발휘해야 했어요. 거기에다 효능이 오래 지속될 수 있기를 원했죠. 그러기 위해선 살충제가 화학적으로 안정된 성질을 가져야 했습니다. 이 조건이 나중에 재앙의 씨앗이 될 줄은 그 자신은 물론 어느 누구도 짐작하지 못했습니다.

연구를 시작한 뮐러는 동료로부터 '외로운 늑대'로 조롱받을 만큼 성과를 올리지 못했어요. 하지만 그는 포기하지 않고 집요하게 연구를 계속합니다. 4년 동안 뮐러가 시험한 화합물은 무려 349가지에 달했어요.

1939년 겨울, 마침내 뮐러는 350번째 화합물로 황산을 촉매로 사용해 최면제의 주성분 클로랄을 클로로벤젠과 결합시켰습니다. 그리고 그 물질이 자신이 설정한 조건들을 거의 모두 충족시키는 이상적인 살충제라는 사실을 발견해요. 그것이 바로 디클로로디페닐트리클로로에탄, 즉 DDT였습니다.

가이기에서 '게사롤'과 '네오사이드'란 이름으로 출시된 DDT는 적은 양으로도 뛰어난 살충 효과를 나타냈지만, 온혈동물과 식물에게는 유독성을 거의 보이지 않았어요. 또한 제조 공정이 비교적 간단해 저렴한 비용으로 생산이 가능했습니다.

현장 실험도 매우 성공적이었죠. 바구미, 무당벌레 같은 농경지의 해충뿐 아니라 모기, 이, 파리, 벼룩 등 전염병을 옮기는 가정의 해충에게도 탁월한 효능을 보인 겁니다. 전 세계가 이 물질에 찬사를 보냈어요. 제2차 세계대전 당시 수백만 명의 군인과 시민들을 질병에서 구해 냈기 때문이에요.

특히 발진티푸스와 말라리아에 대한 효과는 놀라웠습니다. 이가 옮기는 발진티푸스는 사망률이 20%에 이를 만큼 치명적인 질병이었는데, 유럽에서 대대적인 DDT 살포 이후 단 3주일 만에 유행하던 발진티푸스가 완전히 통제될 정도였어요.

또한 전역에 DDT를 살포한 로마 인근의 폰타인 제도는 역사상 처음으로 말라리아로부터 완전히 해방되었습니다. 1955년부터는 세계보건기구까지 나서서 DDT 사용을 적극 권장한 결과, 말라리아 사망률이 인구 10만 명당 192명에서 7명으로 감소했어요.

뮐러는 1948년 노벨 생리의학상을 수상합니다. 역사상 가장 많은 사람의 목숨을 구한 화합물 발명가에게 당연한 결과였죠. 하지만 DDT 사용이 증가하며 서서히 문제점이 드러나기 시작합니다.

곤충이 아닌 동물에 미치는 DDT의 영향을 조사하던 미국 과학자들은 DDT에 노출된 병아리에서 2차 성징이 나타나지 않는다는 사실을 발견합니다. 또한 DDT 농도가 높은 흰머리수리는 알의 껍데기가 얇아져 잘 부화되지 않는다는 것도 확인됐어요.

현대 환경운동을 태동시키다

결정타를 날린 것은 레이첼 카슨이 1962년에 펴낸 《침묵의 봄》이란 책이었습니다. 해양생물학자인 카슨은 이 책에서 DDT와 같은 합성 살충제가 자연계와 인간에게 얼마나 위험한지를 구체적으로 파헤쳤어요. 《침묵의 봄》이라는 제목은 합성 살충제로 인해 새들이 죽어서 봄이 와도 새가 울지 않는다는 의미였어요. 이 책이 발간되자 많은 화학 회사와 화학자들이 반발했지만, 대세를 거스를 수는 없었어요. 사람들은 합성 살충제의 폐해에 대해 알게 되었으며, 이로 인해 현대 환경운동이 서서히 태동하기 시작했습니다.

농사를 위해 뿌린 DDT는 토양과 지하수를 통해 강과 호수로 스며들어 플랑크톤에 흡수되고, 이를 섭취한 작은 물고기를 다시 큰 물고기가 먹는 생태계 순환 과정에서 거의 그대로 전달될 수밖에 없습니다. 그리고 그 피해는 최종 소비자인 인간에게 고스란히 돌아오게 되죠.

결국 미국 환경보호국(EPA)은 1972년 DDT 사용 금지 조치를 내렸고, 다른 나라에서도 DDT를 차츰 금지시키기 시작했습니다.

한편 뮐러는《침묵의 봄》이 출간되던 해에 회사에서 은퇴했습니다. 조그마한 집을 사들여 개인 실험실로 만들고는 또 다른 살충제를 연구했죠. 그러다 3년 후인 1965년에 뇌졸중으로 눈을 감았습니다. 자신이 발명한 DDT가 또다시 세상을 바꿔 놓는 현대 환경운동의 기폭제가 된 줄도 모른 채 먼저 세상을 떠난 것입니다.

더 알아보기

DDT 사용 금지의 부작용

대부분의 국가에서 DDT의 판매 및 사용이 금지되자 또 다른 부작용이 발생했습니다. 말라리아나 곤충에 의해 전염되는 질병이 다시 기승을 부리기 시작한 거죠. 이 같은 폐해는 아프리카를 비롯한 개발도상국가에서 특히 두드러졌어요.

DDT의 환경오염보다 말라리아로 인한 사망이 더 참혹한 상황에 도달하자 결국 세계보건기구도 손을 들고 맙니다. 2006년부터 DDT를 실내 벽면이나 지붕, 축사 등에 뿌리는 걸 권장한다고 발표한 겁니다.

현재, 거대 제약 회사들이 저렴하면서도 효과가 좋은 DDT 대체 살충제의 개발에 소극적인 것은 가난한 국가들을 위해 많은 비용을 들여서 신약을 개발해 봤자 수익이 나지 않기 때문입니다.

심장 도관술을 개발한 베르너 포르스만

자신의 심장에 고무관을 꽂은 의사

1956년 노벨 생리의학상

1929년 여름, 25세의 한 외과병원 레지던트가 첫 실험 대상이 되겠다고 자원한 간호사를 수술대에 눕혔습니다. 그는 간호사의 팔과 다리를 수술대에 고정시킨 후 왼쪽 팔꿈치에 부분마취 주사를 놓았어요. 그런데 정작 마취 주사가 들어간 곳은 간호사의 팔이 아닌 자신의 팔꿈치였죠. 젊은 레지던트는 도대체 무슨 실험을 시도한 걸까요?

마취가 되자 레지던트는 팔꿈치 부위의 피부를 약간 절개한 뒤 정맥에 '카테터'라는 가는 관을 집어넣고 오른손으로 그것을 자신의 심장까지 밀어 넣었습니다. 뒤늦게 자신의 팔이 아닌 레지던트의 팔에 카테터가 연결된 것을 보고 간호사는 소스라치게 놀랐죠.

하지만 레지던트는 태연히 옆방으로 걸어가서 흉부 엑스레이를 찍었어요. 그 결과 삽입한 카테터가 어깨에서 우심실로 곡선을 그리며 이어져 있는 것을 또렷하게 확인할 수 있었습니다. 그럼에도 젊은 의사는 어떠한 불쾌감이나 고통도 전혀 느끼지 않았어요. 인류 최초의 **심장 도관술**이 성공하는 순간이었죠. 심장 도관술은

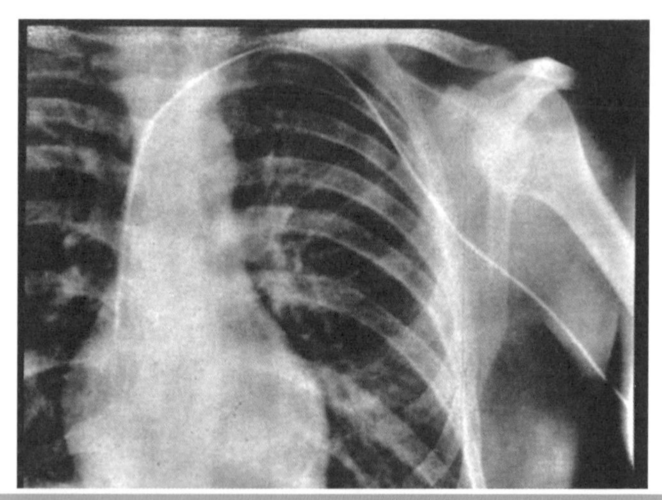

베르너 포르스만의 몸에 삽입된 카테터가 어깨에서 우심실로 곡선을 그리며 이어진 것이 찍힌 엑스레이 사진.

정맥이나 동맥으로 삽입되고 심장으로 유도되는 도관을 통해 심장 기능을 측정할 수 있는 시술입니다.

이 실험을 성공시킨 베르너 포르스만은 1904년 8월 29일 독일 베를린에서 태어났습니다. 김나지움(독일의 전통적 중등 교육 기관)을 졸업할 때 담당 교사의 조언에 따라 베를린에 있는 유명 의과대학에 진학한 후 1928년 의사 국가고시에 합격했어요.

당시 그는 박사 논문을 준비할 때도 자신의 몸을 이용해 실험했어요. 간(肝) 추출물이 혈액에 미치는 영향을 파악하는 것이 박사 논문의 주제였는데, 그를 위해 매일 1리터의 간 추출물을 자신이 직접 섭취한 것입니다.

베를린 근처의 한 병원에서 외과 레지던트로 임용된 그가 심장 도관술이라는 아이디어를 얻게 된 계기는 프랑스의 생물학자인 마레 박사가 발표한 논문 덕분이었어요. 그 논문에서 마레 박사는 말의 경정맥에 고무관을 삽입해 심실의 압력 변화를 측정하는 데 성공했으며, 검사 후 말의 건강에도 아무 이상이 없었다고 밝혔습니다.

승모판막협착증의 임상 문제에 관심이 많았던 포르스만은 인간의 심장에도 그처럼 관을 삽입해 보려는 계획을 세웁니다. 하지만 상사인 외과 과장은 그의 제안을 허락하지 않았어요. 당시엔 사람의 심장에 대한 조사나 치료는 매우 위험하다고 여겨 그와 관련된 직접적인 실험이 거의 금기시되고 있었기 때문이죠.

상사가 잠든 낮잠 시간에 실험 진행해

포르스만은 결국 상사의 눈을 피해 모두가 잠든 낮잠 시간에 심장 도관술 실험을 진행했습니다. 그가 자신의 실험에 자원한 간호사를 속이고 자신에게 직접 실험을 한 데는 이유가 있었어요. 애초부터 포르스만은 예비 실험도 거치지 않은 위험한 실험을 남에게 먼저 행할 생각이 없었던 거죠. 그 간호사를 설득한 까닭은 수술에 필요한 모든 기기를 감독하고 있는 그녀의 승인이 꼭 필요했기 때문이었어요.

그런데 포르스만은 자신의 엄청난 실험 결과를 학계에 보고할 때 환자를 진료하던 중 전혀 의도치 않게 우연히 발견한 사실이라고 밝혔습니다. 유명 연구자가 아닌 일개 레지던트가 그런 위험한 시도를 했다는 사실을 알리지 않기 위해서였어요.

하지만 좀 더 유명한 병원으로 옮겨 간 포르스만은 그곳에서 해고당합니다. 그의 논문이 발표된 후 언론으로부터 주목을 받게 되자 병원에서는 마치 서커스처럼 위험한 일을 하는 사람에게는 일을 맡기지 않겠다고 한 것이에요.

이후 다른 병원을 전전해야 했던 포르스만은 여성 비뇨기과 레지던트와 결혼하면서 비뇨기과의사로 재출발합니다. 나치 정권하에서 나치당에 가입하기도 했던 그는 유대인을 치료하지 말라는 병원의 명령에도 불구하고 유대인들을 돌보아 주었어요. 하지만 그러한 사실이 탄로 날까 두려워하던 그에게 친지는 독일 군대에 입대할 것을 권했고, 그는 제2차 세계대전 동안 군의관으로 복무합니다.

수술과 약물 치료를 연결하는 중재술로 발전

종전 후 작은 도시의 병원에서 일하게 되었지만, 포르스만은 이미 심장 도관술에 대한 추후 연구를 포기한 뒤였어요. 그런데 미국의 생리학자 앙드레 F. 쿠르낭과 디킨슨 W. 리처즈가 그의 논문을 보고 심장병 진단 및 연구에 관한 응용 기술을 찾아냅니다.

심장 도관술을 이용해 심장 내 혈액 산소 농도, 이산화탄소 농도, 산성도 등과 같은 생리학적 데이터를 수집해 분석한 거죠. 그들의 연구로 심장질환 진단의 새로운 지평이 열린 셈인데, 그들은 논문에서 이 연구의 선구자가 포르스만임을 정확히 명시했습니다.

포르스만이 최초로 성공했지만 포기하고 있었던 기술이 그렇게 다시 빛을 보게 된 것이죠. 1956년 10월 포르스만은 3명의 신장병 환자 수술을 끝낸 후 병원장으로부터 앙드레 쿠르낭, 디킨슨 리처즈와 함께 노벨 생리의학상을 수상하게 되었다는 소식을 전해 들었습니다.

이후 그는 회고록에서 자신이 노벨상을 받은 것에 대해 "본당 신부가 하룻밤 사이에 교황이 된 것과 같다"고 소감을 밝혔어요. 자신에게 향할 수 있는 위험과 비난을 감수하고 기꺼이 자신의 몸을 이용한 실험으로 엄청난 결과를 만들어 낸 포르스만은 아이러니하게도 75세의 나이에 심장마비로 세상을 떠났습니다.

카테터를 삽입하는 심상 도관술은 발전을 거듭해 현재 **중재술**이라는 용어로 불리고 있어요. 외과적 수술과 내과적 약물 치료의 중간에서 이 둘을 연결해 준다는 의미예요. 수술이 아닌 시술의 개념을 의료에 도입시킨 중재술은 여러 진료 과목에서 다양한 질병을 진단하고 치료하는 데 사용되고 있습니다.

몸에 삽입하는 가는 관인 카테터 역시 날로 발전해 첨단 기능을 갖춘 약물 방출 카테터를 비롯해 고주파 에너지를 쏘아 신경을 차단하는 전극 카테터 등이 개발되었습니다.

중재술과 질병

중재술이 가능한 질병은 50가지가 넘습니다. 동맥경화로 막힌 심혈관을 스텐트로 넓혀서 뚫는 관상동맥 중재술을 비롯해 전신마취가 어려운 척추질환 환자들에게 시행하는 척주 중재술 등이 대표적이죠. 전극 카테터를 이용하면 고혈압 치료도 가능합니다. 그 밖에도 악성종양에 영양분을 공급하는 혈관을 막아서 굶겨 죽이는 색전술도 중재술에 속합니다.

달팽이관의 비밀을 밝힌 게오르크 폰 베케시

동물원에서 죽은 코끼리의 귀를 잘라 온 물리학자

1961년 노벨 생리의학상

헝가리 부다페스트 동물원에 살던 코끼리가 죽자 한 물리학자가 사람을 시켜 그 코끼리의 귀를 잘라 오도록 했습니다. 그런데 잘라 온 코끼리의 귀를 살펴보던 물리학자는 사람을 다시 동물원으로 보냅니다. 코끼리의 귀가 워낙 커서 그가 찾던 부위가 빠져 있었기 때문이죠. 그 물리학자가 원한 코끼리 귀의 부위는 무엇이었을까요?

죽은 코끼리의 귀를 잘라 오도록 시킨 물리학자는 게오르크 폰 베케시이며, 그가 찾던 부위는 바로 귀의 깊은 내이에 위치하는 달팽이관이었습니다. 화학과 물리학을 공부한 그는 헝가리 우체국연구소에 입사한 후 원거리 통화 문제에 관한 연구를 하다 가장 근본적인 귀의 음향 전달에 관해 연구하기 시작했어요.

안개 등으로 시계가 불량할 때 울리는 선박의 기적 소리가 바다에서는 멀리까지 들리는 반면 정작 기적 소리를 내는 선박의 객실 내에서는 들리지 않는다는 사실에 관심을 가질 만큼, 그는 원래부터 소리와 귀의 작용에 대해 호기심이 많았거든요.

귀의 해부학적 구조에 관한 연구를 시작하면서 베케시는 병원

부검실의 성가신 존재가 되었습니다. 의학용으로 기증된 시신을 이용해 거의 매일 연구에 매달렸기 때문이에요. 그의 해부학 연구 대상에는 인체뿐만 아니라 기니피그, 닭, 생쥐, 소, 코끼리 등 다양한 동물까지 포함되어 있었어요. 그러니 동물원에서 코끼리가 죽었다는 소식을 듣고는 반색했을 수밖에요.

그는 달팽이관의 기저막에서 음향적으로 움직이는 패턴을 관찰하기 위해 고배율의 스트로보스코픽 현미경을 사용해 1/100mm 단위로 측정했어요. 스트로보스코픽은 진동하는 물체를 연구하는 장치예요.

귀는 크게 외이, 중이, 내이로 나뉩니다. 외이는 귓바퀴와 귓구멍을 말하는데, 귓바퀴에서 소리가 모여 외이도(귓구멍)를 통해 중이의 고막에 전해집니다. 고막으로 전달된 소리는 3개의 작은 뼈인 이소골에서 20여 배로 증폭돼 내이에 있는 달팽이관으로 가죠.

그러면 달팽이관은 물리적 소리인 진동을 전기적 신호로 바꿔 뇌에 전달함으로써 우리가 소리를 듣게 됩니다. 내이에는 청력을 담당하는 달팽이관 외에도 어지럼을 관장하는 세반고리관과 수평 및 수직적 방향의 움직임을 감지할 수 있는 전정 등이 있어요.

달팽이관의 특이한 구조와 기능 규명해

달팽이관이 다양한 소리를 각각의 주파수에 따라 구별해 감지하는 능력은 달팽이관 속 청각세포들이 특이하게 배열된 **토노토피 구조** 덕분입니다.

달팽이관 속 청각세포는 한쪽 끝에서는 높은 주파수의 소리(고음)를 인식하고 반대편으로 갈수록 점점 낮은 주파수의 소리(저음)를 인식합니다. 이렇게 위치에 따라 각기 다른 주파수를 구별해 인식하는 달팽이관의 구조적인 특징을 토노토피라고 해요. 토노토피는 각각 진동수와 장소를 뜻하는 그리스어의 합성어입니다.

즉, 달팽이관의 입구 부분인 기저부에서 고음을 인식하고, 안쪽인 첨부에서 저음을 인식하는데, 기저부에서 첨부 쪽으로 갈수록 폭이 점차 넓어져 첨부의 폭이 기저부에 비해 대략 5배 정도 넓습니다.

또한 기저부는 짧고 두꺼우며 딱딱하지만, 첨부로 갈수록 길고 부드러워요. 마치 몸통이 작고 현이 짧은 바이올린이 높은음을 내고, 몸통이 크고 현이 긴 콘트라베이스가 저음을 내는 것과 비교해 보면 이해가 쉬울 거예요.

베케시는 달팽이관의 이 같은 특이한 구조와 그 기능을 정확히 규명했습니다. 사실 음파의 진동수에 따라 달팽이관의 각기 다른 부분이 진동한다는 사실을 처음 주장한 이는 생리음향학 분야의 개척자인 헬름홀츠 박사예요. 하지만 가설에 불과했던 그 이론을 최초로 입증한 이가 바로 베케시입니다.

귀 질병 치료에 큰 발전 이뤄

이 밖에도 그는 가느다란 바늘을 전극으로 사용해 기저막에 가해진 국소적인 압력이 다양한 강도로 변형되어 모세포에 가해진다는 사실을 밝혀냈습니다. 또한 휴식기의 수용체 막에 커다란 전위차(두 지점 사이의 전위의 차이)가 존재하는 것을 의미하는 '와우내전위'도 발견했어요.

이러한 공로를 인정받아 그는 1961년 노벨 생리의학상을 받았습니다. 그의 발견들은 소리를 신경 전파로 변화시키는 수용체에서의 역학적 현상, 전기적 현상의 분석 및 관계 파악에 중요한 역할을 하였으며, 청력학 및 진단법을 발달시켜 귀 질병 치료에 큰 발전을 이루게 했어요.

난청 환자가 소리를 들을 수 있도록 도와주는 인공 달팽이관을 최초로 시술받은 사람은 호주의 청각장애인이었던 로더 손더스였어요. 그는 1978년에 그래엄 클라크 교수가 개발한 인공 달팽이관을 이식받은 후 호주 국가가 연주될 때 부동자세를 취해 모두를 감격시켰습니다.

2014년에 17세의 나이로 노벨 평화상을 받아 역대 최연소 수상자가 된 파키스탄의 말랄라 유사프자이도 인공 달팽이관 수술을 받았습니다. 말랄라는 스쿨버스를 타고 가다 괴한들이 난사한 총을 맞은 후 두개골 복원 및 인공 달팽이관 이식 수술을 받아 극적으로 회복했어요. 인공 달팽이관을 개발하기 위해선 이 기관의 작동 방식에 대한 이해가 필수인데, 게오르크 폰 베케시가 없었다면 이루어질 수 없었던 일이죠.

하지만 포유류의 달팽이관이 어떻게 토노토피 구조를 갖게 되었으며, 진동이 어떤 과정을 거쳐 전기 신호로 전환되는지는 지금까지도 수수께끼로 남아 있습니다. 이런 수수께끼를 푸는 과학자에게 또 하나의 노벨 생리의학상이 주어지지 않을까요.

이어폰 사용과 소음성 난청

소음성 난청이란 시끄러운 소리에 장시간 노출되어 달팽이관 속 유모세포가 손상을 입어 청력이 손실된 상태를 말합니다. 요즘 들어 10대에게서 소음성 난청이 증가하는 이유는 이어폰을 많이 사용하기 때문입니다. 따라서 이어폰 사용을 가급적 줄이고, 사용한다 해도 1시간 정도 들은 후 10분 정도는 귀를 쉬게 해 주는 것이 좋습니다.

DNA의 구조를 밝힌 제임스 왓슨

생물학에 혁명을 일으킨 한 장짜리 논문

1962년 노벨 생리의학상

1953년 4월 25일 세계적인 과학 저널 〈네이처〉에 약 900단어로 된 한 장짜리 논문이 게재됐습니다. 이후 그 논문은 과학계에서 아인슈타인의 '상대성 이론'에 버금가는 파급 효과를 불러일으켰어요. 생물학의 혁명으로 일컬어지는 그 논문의 내용은 무엇이었을까요?

미국의 생물학자 제임스 왓슨과 영국의 물리학자 프랜시스 크릭이 작성한 그 논문의 제목은 **'DNA의 이중나선 구조 발견'**이었습니다. 이 논문으로 인해 과학자들은 DNA가 어떻게 생명체를 구성하는 수만 개의 단백질을 암호화하는지 알아낼 수 있었죠.

DNA는 생명체의 설계도라고 할 수 있는 유전 정보를 간직한 세포 내 물질입니다. 즉, DNA가 RNA를 통해 생체를 구성하고 모든 생명 현상을 담당하는 단백질을 만들도록 명령을 내리는 거예요.

DNA 구조의 규명은 생명공학 혁명을 일으켰습니다. DNA가 이중나선 구조로 되어 있다는 사실이 밝혀진 덕분에 오늘날의 유

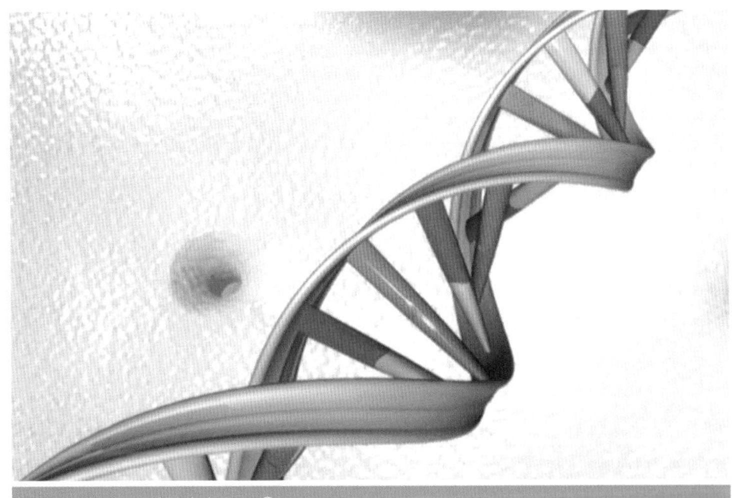
DAN 이중나선 구조. ©National Human Genome Research Institute.

전자 치료법, 유전공학, 복제, 유전자 지문 조회 등의 기술이 실용화될 수 있었어요.

1952년에 DNA가 유전 정보를 전달하는 물질이라는 사실이 밝혀진 이후 DNA의 구조와 메커니즘을 밝히기 위한 경쟁이 치열하게 전개되었습니다. 당시 DNA 구조를 밝히려던 연구진 중 가장 앞서가던 이는 미국의 라이너스 폴링과 영국 킹스칼리지의 로절린드 프랭클린 등이었어요.

사실 왓슨과 크릭은 연구를 시작한 지 얼마 되지 않은 무명의 과학자였어요. 〈네이처〉에 논문을 게재할 당시 왓슨은 겨우 25세였고 크릭은 37세였으나 박사학위도 받지 않은 상황이었거든요.

그런데 무명의 젊은 과학자라는 사실은 이들의 연구에 큰 장점이 되기도 했어요. 유명 과학자의 경우 그동안의 업적과 경험에 매달려서 실수를 해도 좀처럼 번복하지 않는 사례가 많아요. 하지만 왓슨과 크릭의 경우 수많은 실수를 저질러도 그때마다 즉시 유명 과학자들의 조언을 토대로 다른 대안을 모색해 나갈 수 있었어요. 또한 유명 과학자들의 입장에서도 자신의 말을 귀담아듣는 이들에게 싫은 소리가 담긴 조언을 거리낌 없이 할 수 있었던 겁니다.

DNA 구조 규명에 힌트를 준 '51번 사진'

그럼에도 이들이 DNA의 구조를 밝히기까지의 연구 과정은 여러 가지 면에서 말이 많았습니다. 가장 문제가 되었던 건 여성 과학자 로절린드 프랭클린이 1952년 5월에 찍은 DNA의 X-선 회절 사진이었어요.

'51번 사진'으로 불리는 그 이미지를 본 후 왓슨과 크릭은 DNA의 사슬 두 가닥이 나선처럼 꼬여 있는 이중나선 구조라는 사실을 깨닫게 되었거든요. 실제로 왓슨과 크릭은 프랭클린의 데이터가 없었다면 DNA 구조를 규명하는 것이 어려웠을 거라고 털어놓기도 했습니다.

그 사진을 왓슨에게 보여 준 이는 킹스칼리지에서 프랭클린과 함께 근무했던 모리스 윌킨스입니다. 그 역시 프랭클린과 마찬가지로 X-선 회절무늬의 전문가였는데, 당시 프랭클린은 직장을 옮기기 위해 연구 자료를 윌킨스한테 넘긴 상태였어요.

어쨌든 DNA의 구조를 밝히는 위대한 발견에 결정적인 증거를 처음 찾아낸 과학자는 로절린드 프랭클린이었는데, 그녀는 1958년에 난소암으로 세상을 떠났습니다. 그리고 1962년에 DNA의 이중나선 구조를 발견한 공로로 왓슨과 크릭, 윌킨스에게 공동으로 노벨 생리의학상이 수상되었어요.

하지만 프랭클린이 그때까지 살아 있었다 해도 노벨상을 받기 힘들었을 거라는 의견이 많습니다. 노벨 위원회는 분야별 공동 수상자를 3명으로 제한하고 있기 때문이죠. 또한 당시만 해도 여성 과학자에 대한 차별과 편견이 심한 분위기였어요.

《이중나선》 출간, 과학자 글쓰기 모델 돼

그런데 왓슨과 크릭은 DNA 구조를 발견한 이후 매우 다른 길을 걸었습니다. 왓슨은 미국 캘리포니아공대 연구원과 하버드대학 교수를 거쳐 콜드스프링하버연구소의 연구소장이 되어 과학 경영자로서 뛰어난 능력을 발휘했어요. 또한 노벨상을 받은 지 6년 후인 1968년에는 《이중나선》이라는 제목의 책을 단독으로 펴내기도 했죠.

이 책은 DNA 구조 발견에 얽힌 이야기를 마치 소설 같은 형식으로 풀어내 화제가 되었는데, 과학자에게도 글쓰기가 왜 중요한지를 알려 주는 좋은 사례로 회자되었어요. 왓슨은 60대 후반에 인간의 생명 설계도를 밝히려는 '인간 게놈 프로젝트'의 초대 책임자가 되었는데, 미국 의회에서 그 프로젝트에 예산 지원을 결정할 수 있었던 것은 바로 왓슨의 책 《이중나선》을 읽고 성장한 국회의원들 덕분으로 알려져 있거든요. 노벨상을 공동 수상한 3인 중 왓슨이 제일 유명해진 것도 사실 이 책 덕분입니다.

한편 왓슨이 사회적 관심을 끌고 과학 경영자로서의 능력을 발휘한 데 비해 크릭은 연구 자체에 더 집중했습니다. 세포 내 특정 단백질을 만드는 유전 정보와 그 해독 메커니즘에 대해 연구한 그는 1977년에 30년간 몸담은 케임브리지대학을 떠나 미국의 솔크연구소에서 뇌 연구에 몰두했습니다. DNA 구조 발견 이후 생명과학자의 길을 걸었던 크릭은 2004년에 세상을 떠났습니다.

경매에 붙여진 노벨상 메달

크릭이 사망한 지 9년 후인 2013년 4월, 그의 손녀에 의해 노벨상 메달과 인증서가 경매장에 나와 200만 달러에 낙찰되었습니다. 그의 가족들은 경매 대금의 대부분을 연구소에 기부할 것이라고 밝혔어요.

그런데 왓슨은 사후가 아닌 생전에 본인이 직접 자신의 노벨상 메달을 경매장에 내놓아 화제가 되었습니다. 그의 메달은 2014년 12월에 뉴욕 경매장에서 크릭보다 훨씬 높은 475만 달러에 팔렸어요. 하지만 메달을 낙찰받은 러시아의 재벌 알리셰르 우스마노프는 메달을 다시 왓슨에게 돌려주었습니다. 뛰어난 업적을 기리는 메달은 원주인에게 있어야 한다는 게 그 이유였어요.

각인 현상을 발견한 콘라트 로렌츠

새끼 기러기의 어미가 된 동물학자

1973년 노벨 생리의학상

오스트리아의 동물학자 콘라트 로렌츠는 알에서 갓 부화한 새끼 기러기를 관찰하던 중 놀라운 일을 겪습니다. 어미에게 데려다주려 해도 새끼 기러기가 소리를 질러대며 기를 쓰고 자신의 꽁무니만 따라다녔던 거죠. 이후에도 새끼 기러기는 어미에게 가지 않고 로렌츠만 따라다녔어요. 도대체 새끼 기러기는 왜 그런 행동을 한 걸까요?

거위나 기러기 같은 새들은 알에서 깨자마자 처음 본 상대를 어미로 여기고 따라다닙니다. 이를 **각인 현상**이라고 해요. 로렌츠가 관찰한 새끼 기러기도 태어나서 처음 본 인간을 자신의 어미로 각인해 버린 거예요.

로렌츠는 그 새끼에게 '마르티나'라는 이름을 지어 주었는데, 이후 마르티나는 세계에서 가장 유명한 기러기가 되었습니다. 각인 현상은 새를 통해 발견되었지만, 최근에는 포유류와 어류, 곤충에서도 각인 현상이 있다는 사실이 밝혀지고 있어요.

스티븐 스필버그 감독의 SF 영화 〈A.I.〉에도 각인 현상이 소개되고 있어요. 영화에서는 감정을 가진 최초의 로봇이 만들어져 가정집에 입양되는데, 인간을 사랑하게끔 프로그래밍된 그 로봇을 작동시키기 위해선 '각인 절차'를 거쳐야 합니다. 즉, 각인 현상을 통해 처음으로 자신을 활성화시킨 인간에게 로봇은 애착 관계를 형성한다는 설정이에요.

'동물심리학계의 아인슈타인'으로 불리는 콘라트 로렌츠의 각인 현상은 학습 이론이나 정치학 등에서도 차용됩니다. 그에 대한 평가는 "20세기의 어떤 생물학자보다 콘라트 로렌츠를 통해 우리는 동물에 대해 많은 것을 배웠다"는 말이 있을 만큼 압도적이에요.

로렌츠의 연구는 동물들이 본능적으로 타고난 행동을 연구하는 학문인 **비교행동학** 발전의 시초가 되었습니다. 당시만 해도 동물의 행동은 학습된 것이라는 게 대세였어요. 파블로프나 스키너처럼 실험실에서 동물을 관찰했기에 동물에게는 타고난 행동이나 주관적 체험이 없는 것처럼 여겨졌기 때문이에요. 하지만 로렌츠는 자연에서 동물을 관찰함으로써 비교행동학이라는 새로운 학문을 개척했습니다.

1973년 노벨 생리의학상은 이 같은 비교행동학자들에게 돌아갔습니다. 콘라트 로렌츠를 비롯해 그와 함께 비교행동학을 창설한 네덜란드 출신의 영국인 니콜라스 틴베르헌, 그리고 독일의 카를 폰 프리슈 등 3명이 공동 수상한 겁니다.

소수 인종 말살에 동조한 나치주의자

틴베르헌은 자연적 조건보다 인위적으로 만들어진 과장된 자극에 인간이나 동물이 더 강하게 반응한다는 **초정상 자극**을 발견했어요. 또한 프리슈는 60여 년에 걸친 연구를 통해 **꿀벌의 언어**를 규명한 공로를 인정받았습니다. 꿀벌은 꿀이 많은 꽃이나 새로운 집을 발견했을 때 8자 춤이나 원형 춤을 추어서 그 위치를 동료에게 알려 주는데, 그것이 바로 꿀벌의 언어예요.

그런데 노벨상 수상 이후 틴베르헌과 프리슈에 대해서는 대체로 환영하는 분위기였지만, 로렌츠의 수상에 대해서는 일부 비판이 제기됐어요. 우선 로렌츠의 과거 전력이 그 이유였죠.

로렌츠는 빈대학교에서 공부할 때 독일 민족주의에 빠져 파시즘 단체에 가입했습니다. 그는 오스트리아가 독일에 합병되었을 때 크게 지지했을 만큼 나치즘에 빠져 있었어요. 심지어 빈의 심리학연구소에서 근무하던 한 교수가 유대인 여자와 결혼했다는 이유로 그곳의 교수 영입 제안을 거절했을 정도였죠.

1938년 나치당에 입당한 로렌츠는 당시 독일 학계의 인종주의 및 우생학에도 깊은 관심을 보였어요. 이후 그는 훌륭한 인간과 열등한 인간은 태어날 때부터 유전적으로 결정된다고 주장했으며, 소수 인종의 말살에 대해 동감을 표시하기도 했습니다. 그러나

제2차 세계대전 후 로렌츠는 나치의 단순 가담자로 분류돼 처벌을 받지는 않았어요.

동물행동학을 독립 학문으로 발전시켜

로렌츠의 학문적 업적에 대해서도 논란이 이어졌습니다. 대표적 사례가 1963년에 출간한 그의 저서《공격성에 관하여》에 대한 반응이에요. 물고기의 공격성을 우연히 관찰한 게 계기가 된 이 책은 동물과 인간의 공격적 행동은 자연적 본능에 기인하므로 일정 간격을 두고 배출해야 된다는 가설을 제시하고 있어요. 그런데 동물의 행동을 관찰한 결과로써 인간의 행동을 설명하고 있다는 점과 개인적 상황을 모든 사람의 일반적 상황으로 해석한다는 점에서 이 책은 비판의 대상이 되었습니다.

노벨상 수상 당시 그의 대표 업적으로 소개되었던 각인 현상 역시 비난에서 자유롭지 못했어요. 로렌츠가 그 현상을 처음 발견한 것이 아니기 때문이에요. 더글러스 스폴딩이라는 생물학자는 19세기 말 병아리에서 그 현상을 이미 발견했으며, 로렌츠의 스승인 오스카 하인로트라는 조류학자도 어린 새들의 각인 현상에 대한 연구 기록을 남겨 놓았거든요.

이를 근거로 일부에서는 "로렌츠에게는 생리의학상보다 어쩌면 노벨 문학상이 더 어울릴 것 같다"고 비아냥대는 목소리도 있었습니다. 그가 과학적 발견보다는 다른 이의 연구를 잘 전달하는 과학 저술가로서 더 인정받을 수 있다는 의미에서였죠.

실제로 로렌츠는 독자를 책 속으로 끌어들이는 탁월한 이야기꾼이었으며, 항상 신선하면서도 재기 넘치는 언어를 구사하는 달변가이기도 했어요. 이런 비판 속에서도 그는 동물행동학을 독립적인 학문으로 발전시킨 창시자이자 야생 거위의 아빠로서 여전히 독자들에게 기억되고 있는 독보적인 동물학자인 것만은 분명합니다.

'반려동물'의 최초 제안자

예전에는 집에서 기르는 개나 고양이 등의 동물을 애완동물이라고 불렀어요. 그런데 그 표현에는 장난감이라는 의미가 담겨 있어요. 콘라트 로렌츠는 1983년 오스트리아 빈에서 열린 국제 심포지엄에서 애완동물 대신 '반려동물'이라는 용어를 사용하자고 처음으로 제안했습니다. 반려라는 단어는 인간과 함께하는 동등한 관계라는 의미를 담고 있어요.

점핑 유전자를 발견한 바버라 매클린톡

노란 옥수수에 점점이 까만 알맹이가 섞인 이유는?

1983년 노벨 생리의학상

옥수수를 먹다 보면 점점이 까맣거나 보라색을 띤 알들이 박혀 있는 걸 흔히 볼 수 있습니다. 우리 같으면 노란 알과 까만 알 중 어느 게 더 맛있을까 하는 생각을 하고 말지만, 매클린톡은 그처럼 색깔이 다른 이유를 끝까지 연구해 노벨상을 받았어요. 옥수수 알맹이들의 색깔이 다른 이유는 과연 무엇일까요?

옥수수는 알맹이가 보통 노란색을 띠지만, 보라색이거나 검은 갈색의 알갱이가 혼재된 개체도 흔히 볼 수 있습니다. 옥수수의 이 같은 잡색 문제는 멘델이 밝힌 유전 법칙으로는 설명할 방법이 없었어요.

대학에서 생물학을 전공한 후 옥수수 염색체를 연구해 박사 학위를 취득한 바버라 매클린톡은 그 같은 수수께끼를 풀기 위해 까만 알만 골라서 땅에 심었어요. 그러자 거기에서 열린 옥수수에는 까만 알 사이에 노란 알이 군데군데 섞여 있다는 사실을 알아냈습니다.

여기에서 힌트를 얻어 연구에 매달린 매클린톡은 놀라운 사실

다양한 종류의 옥수수. 사진 ©Keith Weller(USDA).

을 발견합니다. 옥수수 잡색 현상과 관련된 유전자들이 본래 있던 위치에서 다른 염색체 위치로 이동한다는 점이 바로 그것이에요.

이처럼 자리를 바꾸는 유전자를 그녀는 **트랜스포존**(transposon) 또는 **점핑 유전자**(Jumping gene)로 명명하고, 그에 대한 이론을 1948년과 1950년에 논문으로 각각 발표했습니다. 또한 1951년에는 미국유전학회의 특별 심포지엄에서 트랜스포존 이론을 공개적으로 발표했어요.

그러나 그녀의 새로운 이론에 대해 관심을 기울이는 과학자는 아무도 없었습니다. 당시 과학자들은 유전자가 한곳에 새겨진 표식처럼 늘 제자리를 지키며 정보를 바꾸는 일이 결코 일어날 수 없다고 믿었기 때문이에요. 유전자가 마치 염주의 구슬처럼 염색체 속에서 순서대로 꿰어져 있다고 생각한 것이죠.

따라서 유전자가 갑자기 대열을 이탈해 다른 염색체 사이로

이리저리 옮겨 다닌다는 매클린톡의 주장은 이단적인 가설로 취급받기에 충분했습니다. 더구나 매클린톡은 유전자의 기능과 구조가 세포 및 세포의 조합으로 이루어진 유기체와의 관계 속에서 상호작용으로 결정된다고 주장했어요.

이단적 가설로 취급된 점핑 유전자 이론

즉, 유전자는 옥수수라는 유기체와의 교감을 통해 결정된다는 의미였습니다. 이는 기존의 과학적 가치관과 정면으로 배치되는 주장이었어요. 유전자가 유기체의 특성과 기능을 전적으로 결정한다고 믿었던 유전학계로부터 그녀의 주장은 무시될 수밖에 없었어요.

1953년에 제임스 왓슨과 프랜시스 크릭이 DNA의 이중나선 구조를 발견하면서 상황은 더욱 악화됐습니다. 유전 정보는 DNA에서 일방적으로 전달된다는 중앙 통제론이 확고히 자리 잡았기 때문이에요.

DNA의 구성 성분 중 하나만 달라져도 심각한 결과가 초래되는 것이 분명한데, 유전자가 무책임하게 옮겨 다닌다는 매클린톡의 주장을 받아들이려는 유전학자가 있을 리 만무했습니다. 그럼에도 매클린톡은 낙담하거나 절망하지 않았어요. 그녀는 마치 수

도승처럼 은둔 생활을 하며 옥수수 시험장에서 홀로 자신의 연구를 이어 갔어요.

그 후 분자유전학의 발전으로 그녀의 점핑 유전자 이론을 뒷받침하는 증거들이 1960년대 후반부터 서서히 드러나기 시작했습니다. 맨 처음 점핑 유전자가 관찰된 곳은 박테리아의 게놈이었어요. 1970년대 들어서는 동물과 식물에도 점핑 유전자가 존재한다는 사실이 밝혀졌습니다.

쥐의 혈액 중 항체를 만드는 DNA의 경우 무수히 다양한 형식으로 유전자가 재배열되었어요. 인체의 면역계가 많은 종류의 항체를 만드는 것도 그처럼 유전자가 뒤섞이기 때문이죠.

옥수수 알맹이의 잡색을 연구하는 과정에서 나온 매클린톡의 점핑 유전자 이론은 의학적으로도 매우 중요한 사실을 일깨워 주었습니다. 병원성 감염이나 아프리카의 수면병, 암세포의 염색체 변화 등과 같은 다양한 문제의 해결책을 얻을 수 있었던 것이죠.

해답은 옥수수들이 알려 줬어요

한때 황당한 가설로 취급받던 점핑 유전자 이론이 확실한 이론으로 정립되면서 그녀는 각 연구 기관으로부터 다양한 상을 받았어요. 1978년 미국 브랜다이스대학은 로젠스틸상을 수여했으며,

1979년에는 미국 록펠러대학과 하버드대학에서 각각 그녀에게 명예박사학위를 헌정했어요.

심지어 일주일 동안 무려 3개의 상을 받은 적도 있어요. 그리고 드디어 1983년 바바라 매클린톡은 노벨 생리의학상의 단독 수상자로 결정되었습니다. 여성으로서는 최초의 노벨 생리의학상 단독 수상자였어요.

점핑 유전자는 같은 부모에게서 태어난 형제자매의 생김새가 다른 이유를 설명해 주기도 합니다. 인간 게놈의 모든 염기서열을 해석한 인간 게놈 프로젝트가 2003년에 완료된 이후 점핑 유전자의 중요성은 더욱 부각되었어요. 우리가 지닌 DNA 중 거의 절반 가까이가 점핑 유전자인 것으로 드러났기 때문이죠. 하지만 점핑 유전자 중 많은 경우가 움직이는 능력을 잃어버려서 실제로는 아주 적은 수의 유전자만 위치를 옮기는 능력을 지니고 있어요.

매클린톡은 실험과 논리가 아니라 생명에 대한 사랑이 과학에 필요하다고 역설한 과학자이기도 해요. 실험을 어떻게 해야 할지를 옥수수들이 스스로 가르쳐 줬다는 그녀의 연구관은 다음의 한 마디에 요약돼 있습니다.

"정말로 종양을 이해하려면, 나 자신이 종양이 되어야 해요."

점핑 유전자의 수평 이동

점핑 유전자는 서로 다른 종 사이에서도 수평적 이동을 한다는 사실이 밝혀지고 있습니다. 일본 연구진이 2022년에 발표한 연구 결과에 따르면, 'BovB'라는 유전자는 지난 8,500만 년 동안 뱀과 개구리 사이에서 최소 54번이나 이동한 것으로 밝혀졌습니다. 즉, 개구리가 자신을 잡아먹는 뱀으로부터 DNA를 전달받은 셈이죠. 이 같은 점핑 유전자의 수평 이동은 거머리와 진드기, 회충 등의 기생동물이 매개해 이루어지는 것으로 추정하고 있어요.

프라이온을 발견한 스탠리 프루시너

웃다가 죽는 병의 정체를 파헤치다

1997년 노벨 생리의학상

1950년대 초 호주 정부는 파푸아뉴기니의 산간 오지에 사는 포어족을 섬 밖으로 나오지 못하게끔 격리 조치했습니다. 그 어디에서도 본 적이 없는 특이한 질병이 포어족에게서 발견됐기 때문이죠. 병에 걸리면 과도하게 웃는 증상을 보여 '웃음병'이라고도 불린 그 질병의 정체는 과연 무엇이었을까요?

그 병은 바로 **쿠루병**이었습니다. 쿠루란 원주민어로 '떨리는 병'이라는 뜻이에요. 쿠루병에 걸리면 근육이 마음대로 움직이지 않아 떨리게 됩니다. 또한 균형을 제대로 잡을 수 없어 걷기조차 힘들어지며 언어 장애, 오한, 통증, 감정 불안, 신경계 마비 등의 증상을 보이다 결국 사망하게 되는 무서운 질병이에요.

미국인 의사 칼턴 가이듀섹은 쿠루병을 연구하기 위해 1957년에 짐을 꾸려 포어족이 거주하는 파푸아뉴기니 동부의 산간 지대로 들어갔습니다. 그 후 2년여의 세월 동안 거기서 생활한 가이듀섹은 포어족에게서 전통적으로 내려오던 식인 관습을 금지시켰어요. 아무래도 쿠루병의 원인이 식인 관습에 있다고 생각했던 거죠.

그러자 정말로 쿠루병의 발병률이 급속히 낮아지기 시작했습니다. 쿠루병의 일차적 원인을 알아낸 가이듀섹은 좀 더 구체적으로 입증하기 위해 동물들을 대상으로 한 실험에 착수했어요. 쿠루병으로 사망한 환자의 뇌를 잘게 갈아서 생쥐 등의 실험동물에게 주입한 거죠.

초기 실험에선 원하는 결과물을 얻을 수 없었지만, 침팬지를 대상으로 한 실험에서 드디어 쿠루병과 유사한 증상이 관찰되기 시작했어요. 추가 실험을 통해 가이듀섹은 비슷하거나 같은 종일수록 쿠루병이 더욱 잘 전염된다는 사실을 확인합니다.

이 같은 실험을 통해 그는 쿠루병이 아주 긴 잠복기를 거쳐 바이러스에 의해 발생하는 **지발성 바이러스**(slow virus) 질환인 것으로 결론 내렸어요. 또한 그는 조직 이식이나 성장 호르몬을 투여한 사람에게서 발병하는 크로이츠펠트-야콥병(CJD), 양에게서 발병하는 스크래피 등도 쿠루병과 같은 종류의 병이라는 사실을 알아냈습니다.

황당한 이론으로 취급받은 프라이온 가설

이 같은 공로를 인정받아 가이듀섹은 1976년 노벨 생리의학상을 받았어요. 그런데 가이듀섹이 노벨상을 받은 지 6년 후인 1982년에 미국의 신경의학 전문의인 스탠리 프루시너는 스크래피에 걸린 양의 조직 추출물에서 특이한 형태의 단백질 구조를 발견합니다.

그것이 스크래피의 병원체임을 확신한 프루시너는 그 단백질에 **프라이온**(프리온)이라는 이름을 붙이고 논문을 발표했어요. 하지만 의학계에서는 그의 논문을 황당한 이론이라고 여겼습니다. 그때까지의 정설에 의하면 생명체의 모든 유전 정보는 DNA나 RNA 같은 핵산을 통해 다른 단백질로 전달된다고 보았던 거죠. 그런데 프라이온이 스크래피의 병원체라고 한다면 핵산을 거치지 않고 곧바로 다른 단백질로 유전 정보를 전달한다는 의미가 되므로, 그의 주장을 이단적 가설로 취급한 겁니다. 하지만 프루시너는 학계의 반응에 굴하지 않고 연구를 계속했습니다.

그 후 프루시너는 프라이온에는 모든 생물의 세포막에 존재하는 정상적인 프라이온과 스크래피 같은 질병을 일으키는 변형 프라이온 이렇게 두 가지가 존재하며, 이들 프라이온이 서로 다른 3차원 구조를 갖는다는 가설을 1993년에 다시 제시했어요.

공교롭게도 그 무렵 영국에서 광우병(BSE) 파동이 시작되었습니다. 1996년에는 인간 광우병 환자가 늘어나자 전 세계인들의 공포가 극에 달했죠. 그러자 노벨 위원회는 프루시너에게 1997년 노벨 생리의학상을 안겼어요.

이로 인해 일부에서는 그의 노벨상 수상이 당시 극에 달했던 대중의 공포를 가라앉히기 위한 것 아니냐는 의혹을 제기하기도 했어요. 인간 광우병의 원인이 프라이온임을 밝히면 원인 불상일 때보다 공포심을 가라앉힐 수 있기 때문이에요.

프라이온이 감염원 아니라는 주장도 있어

사실 1976년에 가이듀섹이 노벨상을 받은 이후 많은 과학자들이 쿠루병과 같은 '전염성 해면양뇌증(TSE)'의 원인 바이러스를 찾으려 했으나 성과를 거두지 못했습니다. 그러니 프루시너의 새로운 주장이 눈길을 끌 수밖에 없는 상황이었죠. 광우병이나 스크래피는 모두 TSE에 속해요. 광우병에 걸린 소의 고기를 먹은 사람이 걸리는 인간 광우병은 변종 크로이츠펠트-야콥병(vCJD)이라고 하죠.

하지만 프라이온의 발병 작용에 대한 최종 증명도 아직까지 이루어지지 않고 있어요. 그 때문에 TSE 질환의 원인이 프라이온이 아니라고 생각하는 사람들도 있습니다. 이와 관련한 대표적인 과학자가 예일대학교의 로라 마누엘리디스예요. 그는 2011년 〈사이언스〉에 발표한 논문에서 변형 프라이온은 감염 원인이 아니라 감염된 조직의 병리적 반응 중 하나일 뿐이라고 주장했습니다.

사실 감염성이 없는 동물의 조직에서 변형 프라이온이 발견되거나 감염성이 있는 동물의 조직에서 변형 프라이온이 발견되지 않은 적도 있어요. 따라서 프라이온 단백질 내부에 아직 발견되지 않은 미세한 바이러스가 들어 있다는 학설을 제기하는 과학자들도 있어요.

다만 이런 학설에 동조하는 과학자들은 그리 많지 않아요. 이제는 프루시너의 프라이온 가설이 주류이기 때문이죠. 현재 광우병 관련 연구는 프라이온 이론가들이 거의 독차지하고 있는 상황이어서 이와 다른 의견을 가진 연구자들은 연구비를 지원받기조차 힘들다고 해요.

하지만 프라이온 가설을 뒤집은 새로운 연구가 주류로 올라설 가능성은 얼마든지 존재합니다. 프라이온과 TSE 질환 사이의 연관성이 아직 명확히 밝혀진 건 아니기 때문이죠. 이를 밝히는 연구자에게는 또다시 노벨상이라는 영예가 주어질 것이 거의 확실해 보입니다.

더 알아보기

포어족과 식인 관습

1950년대만 해도 포어족은 사람이 죽을 경우 동네 사람들이 그 시신을 해체해 살코기는 물론 뇌와 장기까지 나누어 먹었습니다. 그처럼 무서운 풍습은 그들만의 장례 절차였어요. 그들은 죽은 사람을 먹어야만 고인이 살아 있는 사람의 일부가 되어 영생하게 된다고 믿었던 거죠. 하지만 사실은 부족한 단백질을 보충하기 위한 하나의 방편이었던 것으로 추정하고 있어요.

헬리코박터균의 정체를 파헤친 배리 마셜

쇠고기 육수에 세균을 타서 마신 내과의사

2005년 노벨 생리의학상

1984년 7월, 호주의 내과의사 배리 마셜은 특이한 성분이 섞인 쇠고기 육수를 들이마셨습니다. 특이한 성분이란 위 질환이 있는 환자에게서 얻은 세균을 배양한 것이었죠. 그 실험은 병원 관계자와 가족에게 비밀에 부칠 만큼 위험했어요. 마셜은 왜 이 같은 실험을 진행한 걸까요?

그의 유별난 행동을 이해하기 위해선 시간을 5년 전인 1979년으로 되돌려야 합니다. 당시 마셜과 같은 기관에서 근무하고 있던 병리학자 로빈 워런은 위내시경 검사를 마친 환자들의 위 조직 표본을 관찰하다가 이상한 물체를 발견했어요.

나선형 막대 모양의 그 물체는 세균이었는데, 특이한 것은 그 세균이 사는 곳 주변의 위 점막에는 항상 염증이 발생해 있다는 점이었어요. 그런데 로빈 워런이 그 사실을 학회에 보고하자 다른 학자들은 그를 반미치광이로 취급했습니다.

강한 산성의 위산 때문에 위 속에서는 어떠한 세균도 살아남지 못한다는 것이 당시의 통념이었기 때문이죠. 또한 위염이나 위

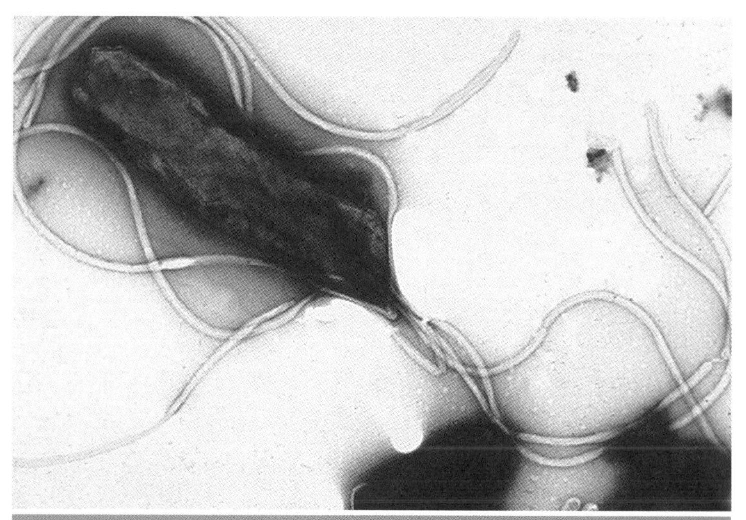

헬리코박터균의 전자 현미경 사진. ©Yutaka Tsutsumi, M.D. Professor Department of Pathology Fujita Health University School of Medicine.

궤양은 스트레스나 잘못된 식습관 등으로 인해 발생하는 것이지 세균이 관련되어 있다고는 생각지도 못했어요.

그런데 단 한 명만은 달랐습니다. 바로 배리 마셜이었죠. 그는 워런과 함께 그 세균에 관해 연구하기 시작했어요. 생체 조직 검사를 통해 워런이 발견한 위 속 세균의 정체를 확인한 마셜은 그것을 배양하기로 했습니다.

하지만 위 속과 유사한 환경을 만들어도 배양접시의 세균은 자라지 않았어요. 그러다 부활절 휴가를 떠나면서 실수로 방치해 두었던 배양접시 하나에 균이 형성돼 있는 걸 뒤늦게 발견했습니다. 마셜은 그 새로운 세균에 **헬리코박터 파일로리**(위나선균 또는 헬리코박터균, 파일로리균이라고 부르기도 한다)라는 이름을 붙여 주었어요. 위와 십이지장의 연결 부위인 유문(pylori)에 존재하는 나선형 모양(helico)의 세균(bacter)이라는 뜻이었죠.

마셜과 워런은 임상 연구를 실시해 위나 십이지궤양을 앓는 환자들의 위에서 헬리코박터가 발견되며, 이 균이 점막에 염증을 일으킨다는 사실을 알아냈습니다. 그러나 헬리코박터가 위궤양의 원인이라는 직접적인 증거를 찾으려던 마셜은 좌절하고 말았어요.

동물 실험 실패하자 자신이 직접 마셔

동물 모델에게 감염시키는 실험이 모두 실패했기 때문이에요. 동물은 인간과 다른 혈액형과 항원을 지니고 있어 헬리코박터균에 감염되지 않았던 겁니다. 이후 마셜의 논문들은 대부분 출판을 거부당했고 심지어 수락된 논문들도 지연되었어요. 부정적인 반응과 주위의 비판에 시달리던 그는 마침내 큰 결단을 내렸습니다. 바로 자신의 몸을 실험 대상으로 삼기로 한 거죠.

내시경 검사로 자신의 위 속에 헬리코박터균이 없음을 확인한 마셜은 헬리코박터균이 섞인 쇠고기 육수를 들이마셨습니다. 그는 수년 후에야 궤양이 발생할 것으로 예상했지만, 불과 5일 후부터 메스꺼움과 반복적인 구토에 시달렸어요.

그리고 10일 후 시행한 위 조직 검사에서 급성 위염과 많은 헬리코박터균이 관찰되었어요. 이후 마셜은 헬리코박터균을 죽일 수 있는 항생제를 복용함으로써, 위에서 이 균을 제거하면 병을 치료할 수 있다는 사실을 직접 증명해 보였습니다.

오직 인간만을 숙주로 삼는 헬리코박터균이 산도 pH2의 강산을 내뿜는 위 속에서 어떻게 생존하는 걸까요? 헬리코박터균은 산도가 가장 낮은 안쪽 점막세포 주위에서 살아가며 강력한 요소 분해효소를 분비합니다. 그러다 일부 헬리코박터균이 사멸하면 그 안의 요소 분해효소가 밖으로 나와 위산을 중화하는 암모니아를 생성함으로써 다른 헬리코박터균에 보다 좋은 생존 환경을 만들어 주는 거예요.

배리 마셜은 인류에게 가장 흔한 질병 중 하나인 위궤양의 원인 박테리아를 발견한 공로를 인정받아 로빈 워런과 공동으로 2005년 노벨 생리의학상을 수상했습니다. 이들의 연구 덕분에 소화 기관 궤양을 항생제 등으로 치료할 수 있게 됐음은 물론 만성적인 감염과 암의 관계에 관한 연구가 촉진되었어요.

또한 첨단 이론이나 새로운 기술이 아니라 내시경 및 세균 배양법, 염색법 등 기존의 평범한 미생물 기술만으로 인류의 건강을 위협하는 세균을 발견했다는 점도 내세울 만한 공로였어요.

허락보다 용서받는 것이 더 쉬워

헬리코박터균은 전 세계 인구의 절반 이상이 갖고 있는 것으로 알려졌습니다. 특히 개발도상국의 감염률이 높고 선진국은 낮은 편인데, 우리나라의 경우 선진국보다 2배 이상 감염률이 높아요. 이는 찌개 등의 음식을 함께 떠먹거나 술잔을 돌리는 특이한 식문화 때문이에요. 헬리코박터균은 물이나 채소, 키스, 내시경 검사 장비 등을 통해 전염됩니다.

세계보건기구 산하 국제암연구소(IARC)에서는 1994년에 석면, 벤젠, 술과 함께 헬리코박터균을 1급 발암 물질로 규정했어요. 1급 발암 물질 중 세균으로는 헬리코박터균이 유일하죠. 하지만 헬리코박터균에 감염됐다고 해서 반드시 위궤양이나 위암에 걸리는 것은 아니에요. 기존 연구에 의하면 헬리코박터균 감염자의 10~15%에서만 궤양이 발생합니다.

한편, 배리 마셜은 헬리코박터균을 직접 들이마시는 용감한 실험을 감행하기 전에 병원 윤리위원회와 부인에게 그 사실을 알리지 않았어요. 병원 측과 부인의 허락을 모두 얻지 못할 것이라는 사실을 알고 있었기 때문이죠. 이에 대해 그는 "허락보다 용서를 받는 것이 더 쉽다"고 말했습니다.

자신의 몸을 실험 대상으로 삼은 마셜의 일화는 어린이용 과학 만화나 교양 과학 서적 등에 언급될 만큼 화제가 되었어요. 하지만 사실 그의 행동은 연구 윤리를 위반한 것이에요. 특히 동물 실험에 실패한 경우 사람을 대상으로 실험하는 것을 현재의 연구 윤리는 엄격히 금하고 있습니다.

한국인에게 친숙한 배리 마셜 박사

2001년 3월 국내의 한 유산균 음료 회사에서는 배리 마셜 박사를 찾아가 유산균을 이용한 헬리코박터균 억제와 관련된 임상 실험 결과를 보여 줍니다. 헬리코박터라는 명칭이 포함된 유산균 음료의 광고 모델로 그를 섭외하기 위해서였죠. 이에 따라 배리 마셜 박사는 그해 5월부터 약 5년간 그 음료의 광고 모델이 되어 국내 TV에 자주 모습을 드러냈어요. 그 후 2005년 10월에 마셜 박사가 노벨상을 받게 되자 광고에 '노벨상 수상을 축하합니다'라는 자막이 새겨지기도 했습니다.

| 참고 자료 |

책

《당신에게 노벨상을 수여합니다 : 노벨 물리학상》 노벨재단 편저, 이광렬·이승철 옮김, 바다출판사, 2024(개정판).

《당신에게 노벨상을 수여합니다 : 노벨 생리의학상》 노벨재단 편저, 유영숙·권오승·한선규 옮김, 바다출판사, 2024(개정판).

《당신에게 노벨상을 수여합니다 : 노벨 화학상》 노벨재단 편저, 우경자·이연희 옮김, 바다출판사, 2024(개정판).

《브리태니커 세계대백과사전(전27권)》 한국브리태니커회사(전집), 1994.

《재미있는 발명 이야기》 허정림 글, 김지훈·장유정 그림, 왕연중 감수, 가나출판사, 2013(개정판).

《죽기 전에 꼭 알아야 할 세계 역사 1001 Days》 피터 퍼타도·마이클 우드 편저, 김희진·박누리 옮김, 마로니에북스, 2020(개정판).

《화학대사전(전11권)》 세화 편집부, 2001.

기타

과학인물백과 (송성수, 홍성욱, 김태호, 이두갑 / 네이버 지식백과)

네이처 (www.nature.com)

노벨상 (www.nobelprize.org)

뉴사이언티스트 (www.newscientist.com/people)

뉴스페퍼민트 (newspeppermint.com)

대한화학회 화학백과 (네이버 지식백과)

동아사이언스 (www.dongascience.com)

두산백과 두피디아 (www.doopedia.co.kr)

물리산책 (네이버 지식백과)

미국 국립보건원 (www.nih.gov)

미국 항공우주국 (www.nasa.gov)

사이언스데일리 (미국 과학전문지) (www.sciencedaily.com)

사이언스타임즈(한국과학창의재단) (www.sciencetimes.co.kr)

스페이스닷컴 (www.space.com)

시사상식사전 (pmg 지식엔진연구소 / 네이버 지식백과)

카이스트신문 (times.kaist.ac.kr)

한국강사신문 (www.lecturernews.com)

한국기상학회 기상학백과 (네이버 지식백과)

한국물리학회 물리학백과 (네이버 지식백과)

한국에너지정보문화재단 블로그 (blog.naver.com/energyinfoplaza)

Biography (www.biography.com/Nobel Prize Winners)

Famous Scientists (www.famousscientists.org)

Global Health NOW (globalhealthnow.org/object)

Johns Hopkins University (hub.jhu.edu)

KISTI의 과학향기 (scent.kisti.re.kr/site/main/fepisode)

Phys.org (phys.org/biology-news)

Science History Institute (www.sciencehistory.org/education/scientific-biographies)

The Conversation (theconversation.com)

The London School of Hygiene & Tropical Medicine (www.lshtm.ac.uk)

노벨도 관 속에서 벌떡 일어날
절대 죽지 않는 과학책

2025년 01월 03일 초판 01쇄 인쇄
2025년 01월 10일 초판 01쇄 발행

지은이 이성규

발행인 이규상 편집인 임현숙
편집장 김은영 책임편집 강정민 책임마케팅 윤선애
콘텐츠사업팀 문지연 강정민 정윤정 원혜윤 윤선애
디자인팀 최희민 두형주
채널 및 제작 관리 이순복 회계팀 김하나

펴낸곳 (주)백도씨
출판등록 제2012-000170호(2007년 6월 22일)
주소 03044 서울시 종로구 효자로7길 23, 3층(통의동 7-33)
전화 02 3443 0311(편집) 02 3012 0117(마케팅) 팩스 02 3012 3010
이메일 book@100doci.com(편집·원고 투고) valva@100doci.com(유통·사업 제휴)
포스트 post.naver.com/black-fish 블로그 blog.naver.com/black-fish
인스타그램 @blackfish_book

ISBN 978-89-6833-491-7 03400

블랙피쉬는 (주)백도씨의 출판 브랜드입니다.